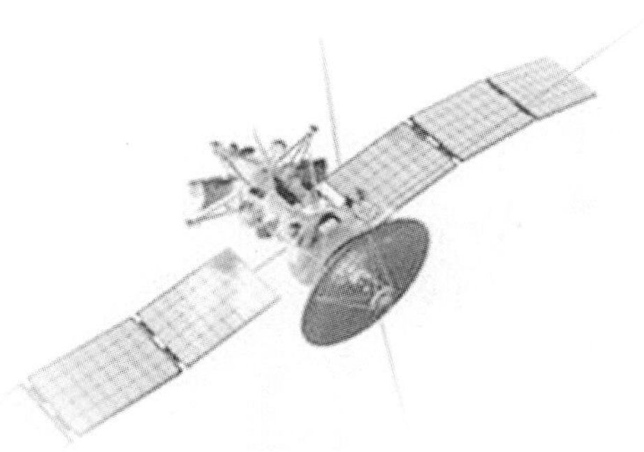

微波遥感课程实习指导

许丽娜　编著

WUHAN UNIVERSITY PRESS
武汉大学出版社

图书在版编目(CIP)数据

微波遥感课程实习指导/许丽娜编著．—武汉：武汉大学出版社，2023.12

ISBN 978-7-307-24136-7

Ⅰ.微…　Ⅱ.许…　Ⅲ.微波遥感—高等学校—教学参考资料　Ⅳ.TP722.6

中国国家版本馆 CIP 数据核字(2023)第 219949 号

责任编辑:杨晓露　　责任校对:汪欣怡　　版式设计:马　佳

出版发行:**武汉大学出版社**　(430072　武昌　珞珈山)

(电子邮箱:cbs22@ whu.edu.cn 网址:www.wdp.com.cn)

印刷:武汉科源印刷设计有限公司

开本:787×1092　1/16　印张:11.5　字数:227 千字　插页:1

版次:2023 年 12 月第 1 版　　2023 年 12 月第 1 次印刷

ISBN 978-7-307-24136-7　　定价:39.00 元

前　言

微波遥感有着全天候、全天时的工作能力，能够实现实时的动态监测，另外对于冰、雪、森林、土壤等地物具有一定的穿透能力，这些优点使得微波遥感不论是在军事上还是在民用上都发挥着非常重要的作用。“微波遥感原理与应用”课程是中国地质大学(武汉)地球物理与空间信息学院地球信息科学与技术专业的一门重要的专业课程，其课程实习是地球信息科学与技术专业实践教学中重要的一环。“微波遥感原理与应用”课程安排在大学三年级上学期讲授，实践教学与课程同步进行，是学生学习原理课程教学的实践，也是对学生实践能力的培养和提升。随着“微波遥感原理与应用”课程实践教学内容的不断丰富，实践教学工作在本科基础教学工作中的作用越来越重要。

在新的时代背景下，随着我国航空航天遥感技术的不断发展，微波遥感领域星载数据及处理技术也进入了飞速发展时期。大学教学中专业课程的教学应更加突出以实践教学为主，服务于国民经济发展和保障人民生产生活的需求，促进社会可持续健康发展，践行美丽中国建设，推进人与自然的和谐共生。因此对本书内容的选择和深度方面也进行了相关的调研。本书是结合中国地质大学(武汉)多年微波遥感课程教学经验编写的，围绕微波遥感原理与应用实习的主要内容展开，循序渐进地介绍了课程实习中应用的微波遥感影像数据的查看，影像处理、影像融合和影像解译。此外，本书还全面且深入地对合成孔径雷达干涉测量技术应用进行了详细说明，包括对数字高程模型的获取、地表变形信息提取等处理流程和操作步骤的详细介绍和实习指导。本书设计为“微波遥感原理与应用”课程实习指导，是地球信息科学与技术、遥感科学与技术等专业的实践教学教材，也可作为地理信息技术、测绘工程、计算机等相关专业的实习参考用书。

本书共分 6 章，第 1 章是认识微波遥感影像，第 2 章是星载微波传感器，第 3 章是雷达图像的基本预处理，第 4 章是雷达图像与光学影像的融合，第 5 章是雷达图像解译，第 6 章是合成孔径雷达干涉测量。本书是在“微波遥感原理与应用”课程讲授及课程实践教学中积累并编写出来的，特别感谢我的研究生袁波、高翾、周清、周思彤、黎慧钟等同学提供的宝贵的素材，地球物理与空间信息学院师生提出了宝贵的意见，另外中国科学院空天创新研究院的许多老师也为本书提出了宝贵的指导意见并提供资料参考，在此一并表示感谢。

由于新技术、新方法的不断涌现，微波遥感应用实践还在摸索阶段，加上作者水平有限，疏漏之处恳请广大读者批评指正。

编者

2023 年 9 月

目　录

第1章　认识微波遥感影像

微波遥感有着全天候、全天时的工作能力，能够实现实时的动态监测，另外对于冰、雪、森林、土壤等地物具有一定的穿透能力，这些优点使得微波遥感不论是在军事上还是在民用上都发挥着非常重要的作用。微波遥感也已经成为当今世界上遥感界研究开发应用的重点之一。我国是一个幅员辽阔、有着大范围多云雾测图困难地区以及灾害频发的国家，因此迫切需要适应云雾天气、能全天时工作的测图与快速应急响应的装备系统。相较于光学航空遥感系统，机载合成孔径雷达很好地克服了天气、光照影响，并且利用其反应迅速、能全天时全天候工作的特点，成为多云雾测绘困难地区测图和应急响应不可或缺的手段。近年来，航天遥感和航空遥感都搭载了合成孔径雷达传感器，能够获取不同精度、不同极化方式下的地表微波遥感影像，为国土资源调查、灾害应急响应及各项微波遥感应用领域提供广泛的数据源。下面将介绍两种软件来查看微波遥感影像。

1.1　利用 EnviView 软件查看 ASAR 数据

EnviView 是欧空局发布的免费升级软件，是处理 EnviSat-ASAR 数据的一个基础软件，为微波遥感领域的研究提供了很大的帮助。

首先我们需要获取 ASAR 数据，其数据结构如图 1.1 所示。

ASA_IMP_1PNBEI20050817_142215_000000182040_00025_18115_1591.aux
ASA_IMP_1PNBEI20050817_142215_000000182040_00025_18115_1591.N1
asa_imp_1pnbei20050817_142215_000000182040_00025_18115_1591.rrd

图 1.1　ASAR 数据结构

打开 EnviView 软件，其页面如图 1.2 所示。

准备好数据和软件之后，接下来可以查看影像。在 EnviView 的主页面菜单中点击“File”→“Open”，打开后缀为 N1 的文件，可以在主页面看到数据各个部分的相关信息，如图 1.3 所示。

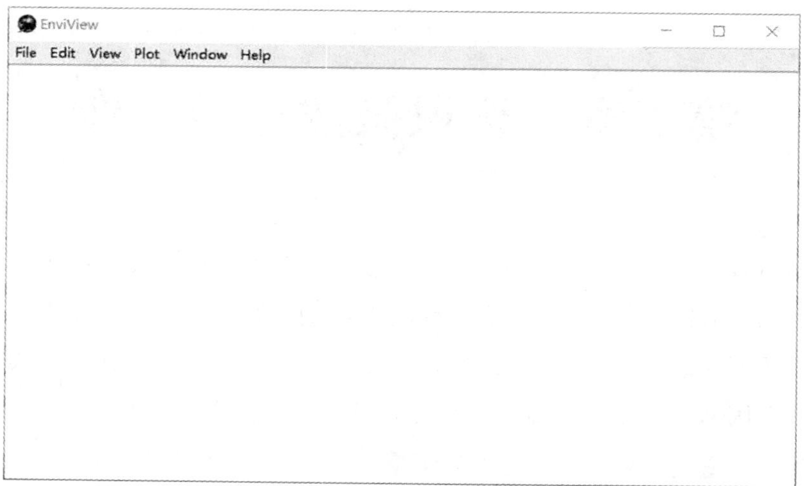

图 1.2　EnviView 软件主页面

ASA_IMP_1PNBEI20050817_142215_000000182040_00025_18115_1591.N1

File Edit View Plot Window Help

File View

Data Set	Records	Total Size
Headers		
Main Product Header	1	1247
ASAR Image Products SPH	1	6099
Measurment Data Sets		
Measurement Data Set 1	9778	134515946
Annotation Data Sets		
SQ ADSRs	1	170
Main Processing parameters	1	2009
Doppler Centroid parameters	17	935
Slant Range to Ground Range co	17	935
Chirp parameters	2	2966
Antenna Elevation patterns(s)	2	324
Geolocation Grid ADSRs	14	7294
Global Annotation Data Sets		

图 1.3　数据包含的信息

要更加详细地查看数据信息，可以点击主页面的各个选项，或者点击主页面菜单中"View"→"New Record View"，查看 MPH、SPH、MAIN PROCESSING PARAMS ADS 信息，如图 1.4~图 1.6 所示，里面包含景编号(product_id)、影像大小(num_output_lines，num_ samples_per_line)、极化方式(mds1_tx_rx_polar, H/H)等重要信息。

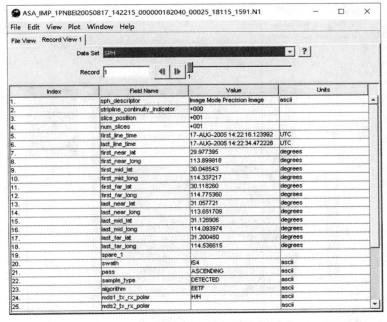

ASA_IMP_1PNBEI20050817_142215_000000182040_00025_18115_1591.N1

File Edit View Plot Window Help

File View　Record View 1

Data Set MPH

Record 1

Index	Field Name	Value	Units
1.	product_id	ASA_IMP_1PNBEI20050817_14...	ascii
2.	proc_stage	N	ascii
3.	ref_doc	PO-RS-MDA-GS-2009_3/H	ascii
4.	spare_1		
5.	acquisition_station	MIYUNS	ascii
6.	proc_center	RSGS	ascii
7.	proc_time	14-SEP-2005 08:41:22.243000	UTC
8.	software_ver	KSPT_L1B/2101	ascii
9.	spare_2		
10.	sensing_start	17-AUG-2005 14:22:15.500365	UTC
11.	sensing_stop	17-AUG-2005 14:22:34.500424	UTC
12.	spare_3		
13.	phase	2	ascii
14.	cycle	+040	
15.	rel_orbit	+00025	
16.	abs_orbit	+18115	
17.	state_vector_time	17-AUG-2005 14:22:00.000000	UTC
18.	delta_ut1	+.000000	s
19.	x_position	-2154770.604	m
20.	y_position	+5936752.185	m
21.	z_position	+3374807.225	m
22.	x_velocity	+2799.930275	m/s
23.	y_velocity	-2681.565398	m/s
24.	z_velocity	+6483.119749	m/s
25.	vector_source	FR	ascii

图 1.4　MPH 信息

ASA_IMP_1PNBEI20050817_142215_000000182040_00025_18115_1591.N1

File Edit View Plot Window Help

File View　Record View 1

Data Set SPH

Record 1

Index	Field Name	Value	Units
1.	sph_descriptor	Image Mode Precision Image	ascii
2.	stripline_continuity_indicator	+000	
3.	slice_position	+001	
4.	num_slices	+001	
5.	first_line_time	17-AUG-2005 14:22:16.123992	UTC
6.	last_line_time	17-AUG-2005 14:22:34.472228	UTC
7.	first_near_lat	29.977395	degrees
8.	first_near_long	113.899818	degrees
9.	first_mid_lat	30.048543	degrees
10.	first_mid_long	114.337217	degrees
11.	first_far_lat	30.118260	degrees
12.	first_far_long	114.775360	degrees
13.	last_near_lat	31.057721	degrees
14.	last_near_long	113.651709	degrees
15.	last_mid_lat	31.128906	degrees
16.	last_mid_long	114.093974	degrees
17.	last_far_lat	31.200480	degrees
18.	last_far_long	114.536615	degrees
19.	spare_1		
20.	swath	IS4	ascii
21.	pass	ASCENDING	ascii
22.	sample_type	DETECTED	ascii
23.	algorithm	EETF	ascii
24.	mds1_tx_rx_polar	H/H	ascii
25.	mds2_tx_rx_polar		ascii

图 1.5　SPH 信息

ASA_IMP_1PNBEI20050817_142215_000000182040_00025_18115_1591.N1

File Edit View Plot Window Help

File View | Record View 1

Data Set: MAIN PROCESSING PARAMS ADS

Record: 1

Index	Field Name	Value	Units
1.	first_zero_doppler_time	17-AUG-2005 14:22:16.123992	MJD
2.	attach_flag	0	flag
3.	last_zero_doppler_time	17-AUG-2005 14:22:34.472228	MJD
4.	work_order_id		ascii
5.	time_diff	0.0	s
6.	swath_num	IS4	ascii
7.	range_spacing	12.5	m
8.	azimuth_spacing	12.5	m
9.	line_time_interval	0.0018734232	s
10.	num_output_lines	9778	lines
11.	num_samples_per_line	6870	samples
12.	data_type	UWORD	ascii
13.	num_range_lines_per_burst	0	lines
14.	time_diff_zero_doppler	0.0	s
15.	spare_1		
16.	data_analysis_flag	0	flag
17.	ant_elev_corr_flag	0	flag
18.	chirp_extract_flag	0	flag
19.	srgr_flag	1	flag
20.	dop_cen_flag	1	flag
21.	dop_amb_flag	1	flag
22.	range_spread_comp_flag	1	flag
23.	detected_flag	1	flag
24.	look_sum_flag	1	flag
25.	rms_equal_flag	0	flag

图 1.6　MAIN PROCESSING PARAMS ADS 信息

最后查看影像情况。点击主页面菜单中“View”→“New Image View”，另外点击鼠标左键可查看像元位置信息，包括经纬度信息以及像元在影像中的位置信息，如图 1.7 所示。

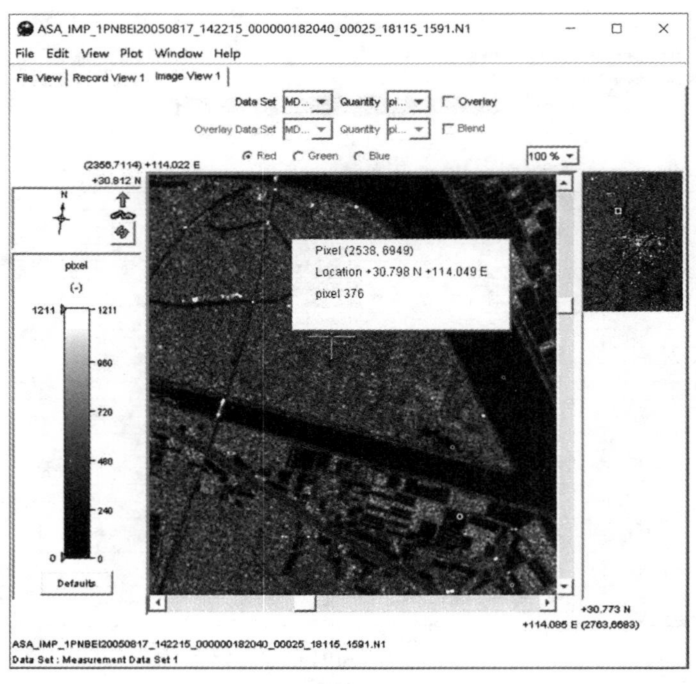

图 1.7　影像查看示例

1.2　利用 SNAP 软件查看 Sentinel 数据

SNAP 软件也是欧空局自主研发的一个开源遥感数据处理平台，其支持 EnviSat 任务、Sentinel 1/2/3 号任务和一系列国家和第三方任务的卫星数据处理，功能极其丰富和强大。

首先我们需要获取 Sentinel 1 号数据，其数据结构如图 1.8 所示。

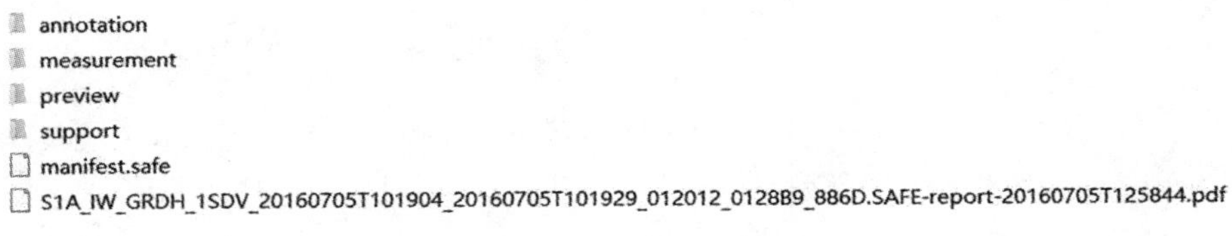

图 1.8　Sentinel 1 号数据结构

下载并安装 SNAP 软件。打开 SNAP 软件，其主页面如图 1.9 所示。

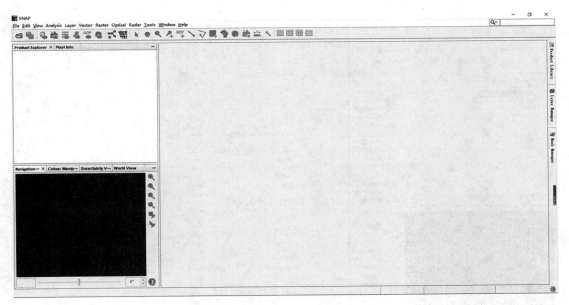

图 1.9　SNAP 软件主页面

导入 Sentinel 数据。点击主菜单中“File”→“Open Product”，可以选择直接导入 Sentinel 数据的压缩包，或者打开 manifest. safe 文件。可以在 Product Explorer 中看到数据中包含的内容。如图 1.10 所示。

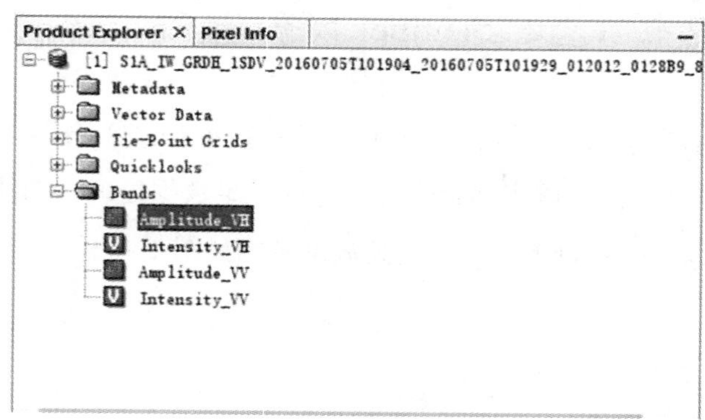

图 1.10　Sentinel 数据信息结构

查看 Sentinel 数据详细信息。在“Product Explorer”中点击“Metadata”，双击“Abstracted_Metadata”，可以详细查看该影像景编号（PRODUCT）、影像类型（MISSION）、获取时间（STATE_VECTOR_TIME）、影像大小（num_output_lines、num_samples_per_line）、经纬度（centre_lat、centre_lon）、极化方式（VV、VH）等重要信息。如图 1.11 所示。

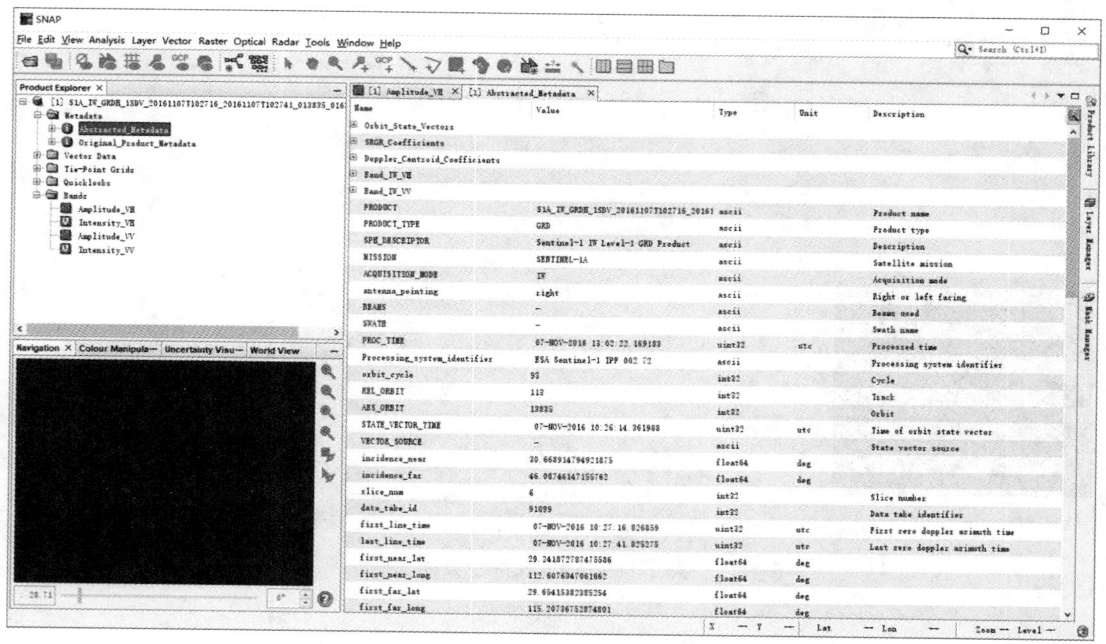

图 1.11　Sentinel 数据重要信息

查看影像。在“Product Explorer”中点击“Bands”，选择并双击“Amplitude_VH”，影像

便会被加载出来，如图 1.12 所示。

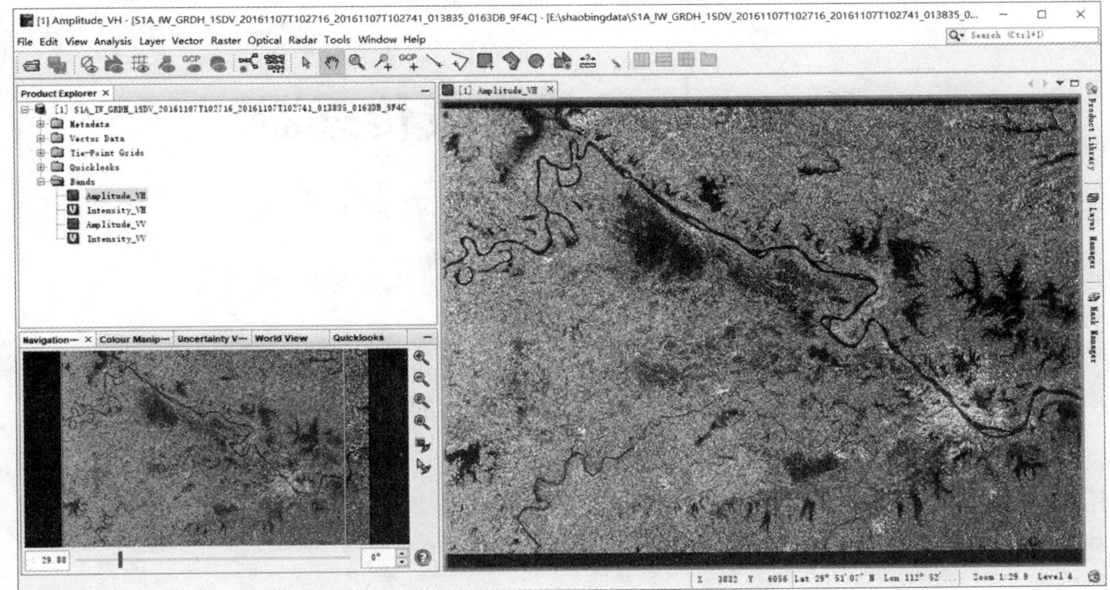

图 1.12 Sentinel 数据影像示例

第 2 章　星载微波传感器

2.1　引言

在海洋、陆地和大气微波遥感应用中，常用的有效的传感器主要包括下列五种：

(1)微波散射计：一般只要能够精确测量信号强度的雷达，都可以称为散射计。一般用于测量目标的散射特性随雷达波束的入射角的变化规律，也可以用于研究极化和波长变化对目标散射特性的影响。

(2)雷达高度计：定时系统发射指令后，发射机发出调制射频波束，经转换开关导向天线，由天线将波束射向目标，射向目标后天线继续收集由被测目标发射或散射回来的能量，经转换开关将返回信号传导到接收机，通过计算得到传播过程中的时延，并计算出距离。

(3)无线电地下探测器：其主要利用低频滤波穿透地表，通过探测器接收到反射功率的不同，对地下进行探测。

(4)微波辐射计：微波辐射计并不像散射计、高度计那样主动发射微波信号，而是利用被动地接收各个高度传来的温度辐射的微波信号来判断温度、湿度曲线，能定量测量目标(如地物和大气各成分)的低电平微波辐射的高灵敏度接收装置。

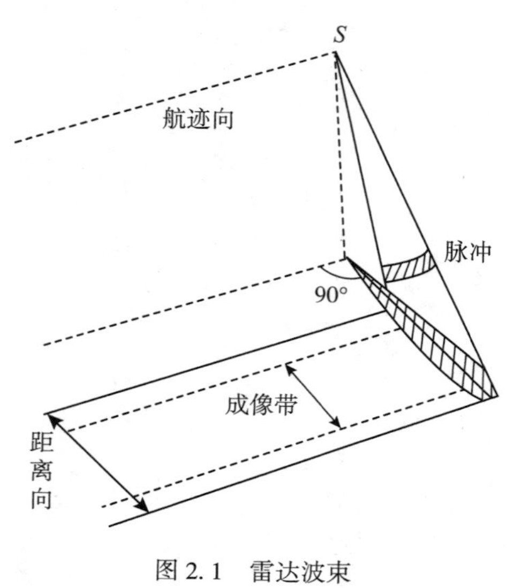

图 2.1　雷达波束

(5)侧视雷达：侧视雷达在飞机或卫星飞行时向垂直于航线的方向发射一个很窄的波束，这个波束在航向上很窄，在距离方向上很宽，覆盖了一个很窄的条带，飞行器在飞行时不断发射这样的波束，并不断接收地面窄带上的各种地物反射信号，形成成像带。如图 2.1 所示。

以上五种传感器中，只有微波辐射计和侧视雷达可用于成像，其他则不能。

2.2 常见国内星载微波传感器

1. 环境一号卫星C星

环境一号C小型雷达卫星(以下简称HJ-1C卫星)于2012年发射，为中国首颗S波段合成孔径雷达(SAR)卫星，HJ-1C卫星主要技术参数如表2.1所示。

表2.1 **HJ-1C卫星主要技术参数**

项　目	参　数		
卫星标识	环境一号卫星C星		
卫星重量	890kg		
轨道高度	500km		
轨道类型	太阳同步轨道		
波段	S波段		
中心频率	3200Hz		
极化方式	VV		
天线类型	网状抛物面		
平面定位精度	无控优于230m(入射角20°~50°，3σ)		
常规入射角	20°~50°		
扩展入射角	10°~60°		
成像模式名称	分辨率/m	幅宽/km	极化方式
条带成像模式	5(单视)	40(单视)	单极化
扫描模式	20(距离向4视，方位向单视)	100(距离向4视，方位向单视)	单极化

2. 海洋二号卫星

海洋二号(HY-2)卫星是我国第一颗海洋动力环境卫星，该卫星集主动、被动微波遥感器于一体，具有高精度测轨、定轨能力与全天候、全天时、全球探测能力。其主要使命是监测和调查海洋环境，获得包括海面风场、浪高、海流、海面温度等多种海洋动力环境参数，直接为灾害性海况预警预报提供实测数据，为海洋防灾减灾、海洋权益维护、海洋资源开发、海洋环境保护、海洋科学研究以及国防建设等提供支撑服务。HY-2 卫星装载雷达高度计、微波散射计、扫描微波辐射计和校正微波辐射计以及 DORIS、双频 GPS 和激光测距仪。主要技术参数如表 2. 2 所示。

表 2. 2　**HY-2 卫星主要技术参数**

项　　目	参　　数
卫星标识	海洋二号卫星
运载火箭	CZ-4B 运载火箭
发射地点	中国太原卫星发射中心
卫星重量	≤1575kg
设计寿命	3 年
轨道高度	971km
轨道类型	太阳同步轨道

雷达高度计用于测量海面高度、有效波高及风速等海洋基本要素，其主要技术指标如表 2. 3 所示。

表 2. 3　**雷达高度计技术指标**

项　　目	参　　数
工作频率	13. 58GHz，5. 25GHz
脉冲有限足迹	≤2km
测高精度	≤4cm
有效波高测量范围	0. 5～20cm

微波散射计主要用于全球海面风场观测，其主要技术指标如表 2. 4 所示。

表 2. 4　**微波散射计技术指标**

项　　目	参　　数
工作频率	13. 256GHz
极化方式	HH，VV

续表

项目		参数
地面足迹		优于 50km
风速测量精度		2m/s
风速测量范围		2~24m/s
风向测量精度		20°
刈幅	H 极化	优于 1350km
	V 极化	优于 1700km

扫描微波辐射计主要用于获取全球海面温度、海面风场、大气水蒸气含量、云中水含量、海冰和降雨量等，其主要技术指标如表 2.5 所示。

表 2.5　　扫描微波辐射计技术指标

工作频率/GHz	6.6	10.7	18.7	23.8	37.0
极化方式	VH	VH	VH	V	VH
扫描刈幅/km	优于 1600				
地面足迹/km	100	70	40	35	25
灵敏度/k	优于 0.5			优于 0.8	
动态范围	3~350K				
定标精度	1.0K				

校正微波辐射计主要用于为高度计提供大气水汽校正服务，其主要技术指标如表 2.6 所示。

表 2.6　　校正微波辐射计技术指标

工作频率	18.7	23.8	37.0
极化方式	线极化		
灵敏度/k	0.4	0.4	0.4
动态范围	3~350K		
定标精度	1.0K		

3. 高分三号卫星

2016 年 8 月 10 日 6 时 55 分，高分三号(GF-3)卫星在太原卫星发射中心用长征四号丙运载火箭成功发射升空。高分三号卫星是中国首颗分辨率达到 1m 的 C 频段多极化合成孔径雷达(SAR)成像卫星。雷达具有全极化电磁波收发功能，并涵盖了诸如条带、聚束、扫描等 12 种成像模式(表 2.7)。空间分辨率 1～500m，幅宽 10～650km。不仅能够用于大范围资源环境及生态普查，还能够清晰地分辨出陆地土地覆盖类型和海面目标，既可探地，又可观海，实现了"一星多用"的效果。表 2.7 为 GF-3 卫星的主要技术参数介绍。

表 2.7　　**GF-3 卫星技术参数**

项　目		参　数		
卫星标识		高分三号		
运载火箭		长征四号丙		
发射地点		中国太原卫星发射中心		
卫星重量		2779kg		
设计寿命		8 年		
轨道高度		755km		
轨道类型		太阳同步回归晨昏轨道		
波段		C 波段		
天线类型		波导缝隙相控阵		
平面定位精度		无控优于 230m(入射角 20°～50°，3σ)		
常规入射角		20°～50°		
扩展入射角		10°～60°		
成像模式名称		分辨率/m	幅宽/km	极化方式
滑块聚束(SL)		1	10	单极化
条带成像模式	超精细条带(UFS)	3	30	单极化
	精细条带 1(FS Ⅰ)	5	50	双极化
	精细条带 2(FS Ⅱ)	10	100	双极化
	标准条带(SS)	25	130	双极化
	全极化条带 1(QPS Ⅰ)	8	30	全极化
	全极化条带 2(QPS Ⅱ)	25	40	全极化

续表

项目		参数		
扫描成像模式	窄幅扫描(NSC)	50	300	双极化
	宽幅扫描(WSC)	100	500	双极化
	全球观测成像模式(GLO)	500	650	双极化
波成像模式(WAV)		10	5	全极化
扩展入射角(EXT)	低入射角	25	130	双极化
	高入射角	25	80	双极化

4. 海丝一号卫星

海丝一号卫星是国内首颗对标国际先进指标的、基于有源相控阵天线的百公斤级(整星<185kg)、1m 分辨率、C 波段商业 SAR 遥感卫星，可以穿透云层，不受时间和恶劣条件限制，能获取全天时、全天候的二维高分辨率雷达数据，为海洋动力环境参数的遥感反演、海洋灾害监测、洪水监测和地表形变分析等提供支持。

2.3　常见国外星载微波传感器

1. RadarSat 系列卫星

RadarSat 系列卫星由加拿大空间署(CSA)研制与管理，用于向商业和科研用户提供卫星雷达遥感数据。RadarSat-1 卫星于 1995 年 11 月发射升空，载有功能强大的合成孔径雷达(SAR)，可以全天时、全天候成像，为加拿大及世界其他国家提供了大量数据。RadarSat-1 卫星的后继星是 RadarSat-2 卫星，它是加拿大第二代商业雷达卫星。RadarSat-2 卫星于 2007 年 12 月 14 日发射。与 RadarSat-1 卫星相比，RadarSat-2 卫星具有更为强大的功能。RadarSat 系列卫星应用广泛，包括减灾防灾、雷达干涉、农业、制图、水资源、林业、海洋、海冰和海岸线监测。

RadarSat-1 卫星与其他卫星有所不同，它在地方时早晚 6：00 左右成像。它装载的 SAR 传感器使用 C 波段进行对地观测，具有 7 种成像模式(精细模式、标准模式、宽模式、宽幅扫描、窄幅扫描、超高入射角、超低入射角)，25 种不同的波束，这些不同的波束模式具有不同的入射角，因而具有多种分辨率、不同幅宽。中国科学院遥感与数字地球研究所自 2001 年 6 月开始接收 RadarSat-1 卫星数据，并保存着 RadarSat-1 卫星自 2001 年至今接收的卫星原始数据，能够处理多种产品级别，产品格式主要有 CEOS、GeoTIFF 两种。表 2.8 为 RadarSat-1 卫星的技术参数。

表 2.8　**RadarSat-1 卫星技术参数**

项　目	参　数
所属国家	加拿大
卫星标识	RadarSat-1
卫星重量	2713kg
设计寿命	5 年
轨道高度	793km
轨道类型	近极地太阳同步轨道
波段	C 波段
空间分辨率	8~100m
入射角	10°~59°
极化方式	HH
带宽	30MHz
幅宽	50~500km

RadarSat-2 卫星具有 1m 高分辨率成像能力，多种极化方式，使用户的选择更为灵活，根据指令进行左右视切换获取图像，缩短了卫星的重访周期，增加了立体数据的获取能力。另外，RadarSat-2 卫星具有强大的数据存储功能和高精度姿态测量及控制能力。表 2.9 为 RadarSat-2 卫星的技术参数。

表 2.9　**RadarSat-2 卫星技术参数**

项　目	参　数
所属国家	加拿大
卫星标识	RadarSat-2
卫星重量	2200kg
设计寿命	7~12 年
轨道高度	798km
轨道类型	近极地太阳同步轨道
波段	C 波段

续表

项　目	参　数
空间分辨率	1～100m
入射角	10°～59°
极化方式	HH、VV、HV、VH
带宽	100MHz
幅宽	20～500km

2. SeaSat 卫星

1978 年 6 月，美国国家航空航天局发射了海洋卫星(SeaSat)，在卫星上首次装载了合成孔径雷达，对地球表面 1 亿平方千米的面积进行了测绘，该卫星在空间飞行 100 天，采用的是重复轨道干涉模式，首次从空间获得地球表面雷达干涉测量数据。SeaSat 卫星技术参数如表 2.10 所示。

表 2.10　**SeaSat 卫星技术参数**

项　目	参　数
所属国家	美国
卫星标识	SeaSat
轨道高度	795km
工作模式	重复轨道干涉模式
波段	L 波段
空间分辨率	25m
入射角	23°～26°
极化方式	HH
带宽	2×10^{7}Hz
幅宽	1000km

3. ALOS 卫星

2006 年 1 月日本发射了先进陆地观测卫星(ALOS)，它携带有 L 波段相控阵合成孔径雷达(PALSAR)，该卫星主要用于全球陆地资源和环境的全天候监测，在高分辨率模式下距离向分辨率优于 2m，轨道定位精度 10m。PALSAR 有较高的距离向分辨率和较高的信噪比，并且在交轨方向对轨道有较好的控制。ALOS 卫星技术参数如表 2.11 所示。

表 2.11　**ALOS 卫星技术参数**

项　目	参　数
所属国家	日本
卫星标识	ALOS
卫星重量	4000kg
设计寿命	3~5 年
轨道高度	692km
轨道类型	太阳同步轨道
波段	L 波段
空间分辨率	10~100m
侧视角度	8°~60°
极化方式	HH、VV、HV、VH
带宽	14/28/42/84MHz(可选项)
幅宽	40~70km

第3章　雷达图像的基本预处理

3.1　雷达影像裁剪

数据裁剪通常是雷达影像处理中必要的一步，如果数据范围远大于研究区范围，那么为了节省时间和工作量就需要对雷达数据进行裁剪。

3.1.1　基于SAR坐标影像裁剪

3.1.1.1　基于外部矢量区域裁剪

下面以Sentinel-1数据为例对武汉地区的研究区域进行裁剪。

1. 数据准备

(1)包含地理坐标的武汉地区矢量文件wuhan.shp，参考坐标系为WGS_1984，如图3.1所示。

图3.1　武汉市行政矢量图

(2)涵盖武汉地区的 Sentinel-1 数据。数据类型为经过 SARscape 导入处理后得到的强度图_list_pwr。导入的强度图属于 SAR 坐标格式，不属于地理坐标。

(3)覆盖矢量图范围的 DEM 数据，该数据需要用 SARscape 的数据导入工具进行导入，以便生成 SARscape 可以识别的头文件。

2. SAR 影像裁剪

1)DEM 数据的导入

本节已有的 DEM 数据类型为 ENVI 格式，DEM 数据导入步骤：点击“SARscape”→“Import Data”→“ENVI Format”→“Original ENVI Format”，打开数据导入面板。

输入文件(Input Files)项：输入已有的 ENVI 格式的 DEM 数据，如图 3. 2 所示。

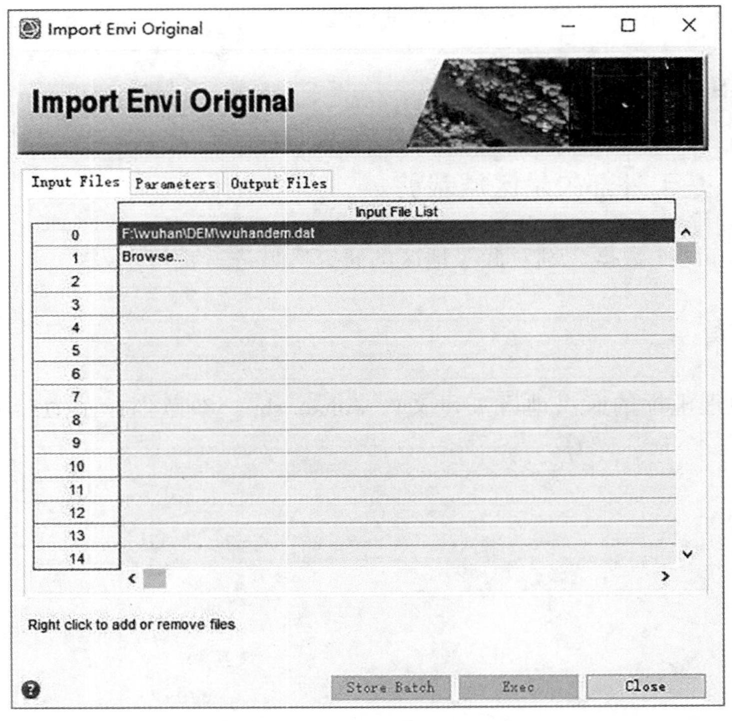

图 3. 2　文件输入

参数设置(Parameters)项：数据单位(Data Units)选择 DEM 类型，如图 3. 3 所示。

输出文件(Output Files)项：可选择输出路径。文件自动添加“_bil”后缀，如图 3. 4 所示。

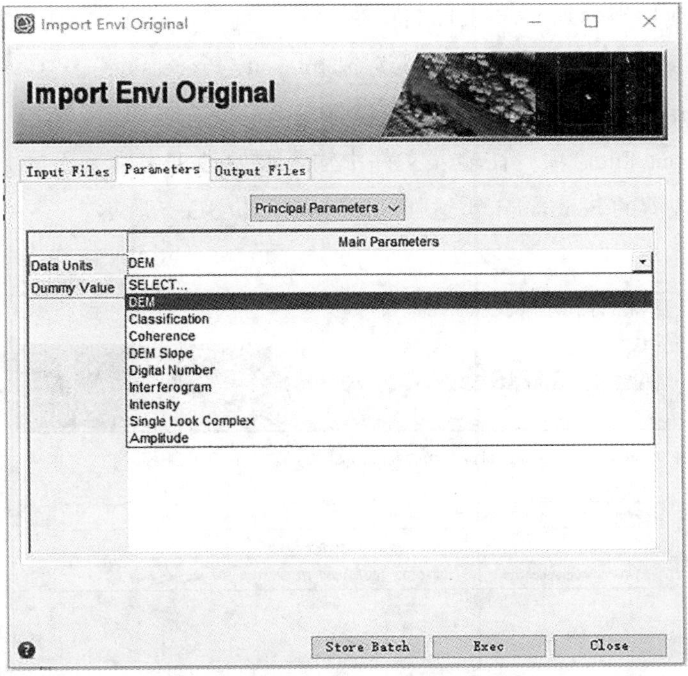

图 3.3 参数设置

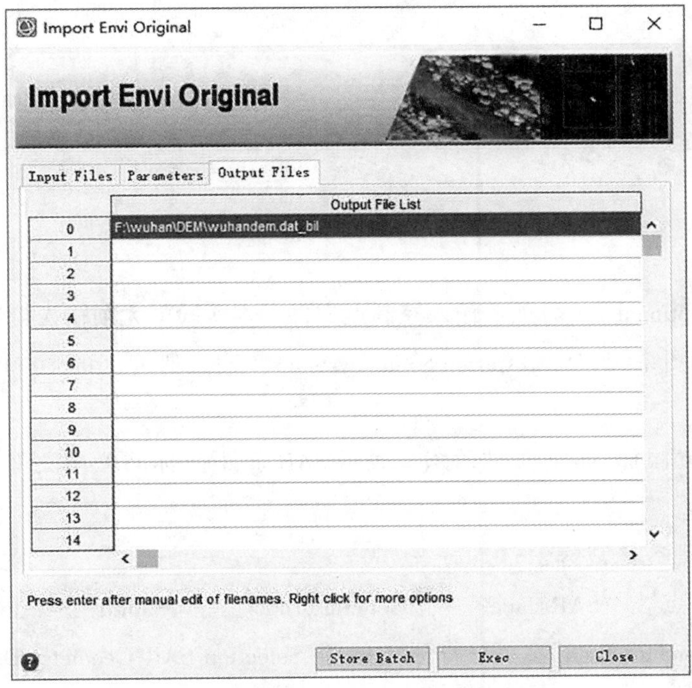

图 3.4 数据输出

2)矢量文件地理坐标到 SAR 坐标的转换

操作步骤：点击“SARscape”→“Basic”→“Intensity Processing”→“Geocoding”→“Map to SAR Shape Conversion”。

输入文件(Input Files)项：在输入文件中输入原始地理坐标系下的 shp 文件。在参考面板中选择需要裁剪的 Sentinel-1 雷达强度图_pwr。如图 3.5 所示。

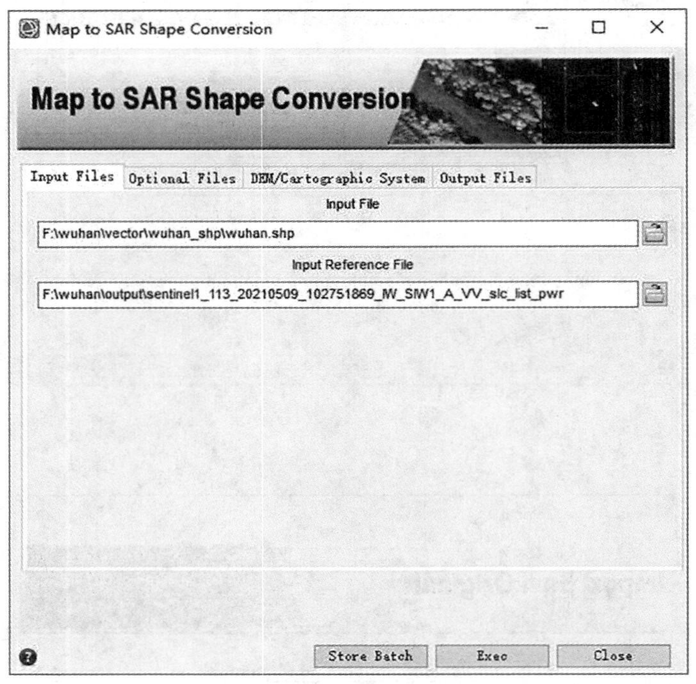

图 3.5　输入文件

可选文件(Optional Files)项：输入控制点文件。本实验中无须输入控制点。

DEM 或者地图系统(DEM/Cartographic System)：输入研究区的 DEM 数据，如图 3.6 所示。

输出文件自动添加_slant 文件后缀，表示 SAR 斜距坐标的矢量文件。输出结果如图 3.7、图 3.8 所示。

3)SAR 影像研究区裁剪

操作步骤：点击“SARscape”→“General Tools”→“Sample Selections”→“Sample Selection SAR Geometry Data”工具，打开“Sample Selection SAR Geometry Data”面板。

数据输入(Input Files)项：点击“Browse”按钮，选择需要裁剪数据的_slc_list 列表文件，如图 3.9 所示。

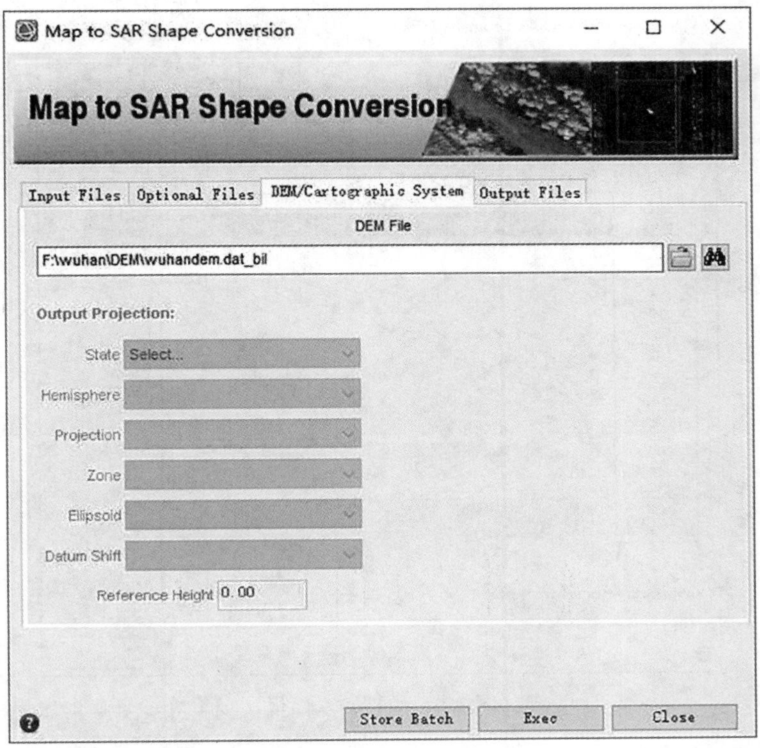

图 3.6　输入 DEM 数据

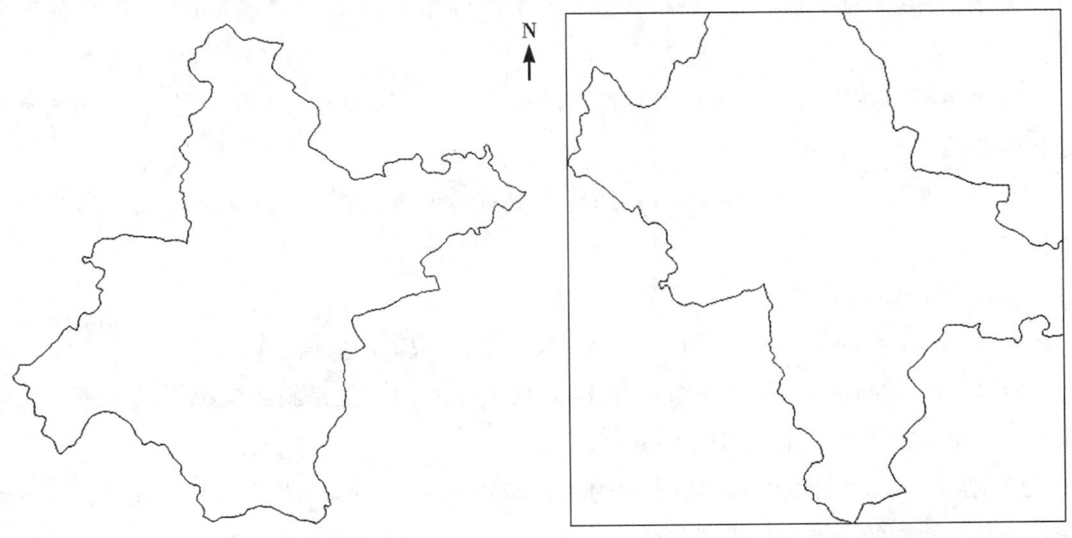

图 3.7　地理坐标武汉边界

图 3.8　SAR 坐标武汉边界

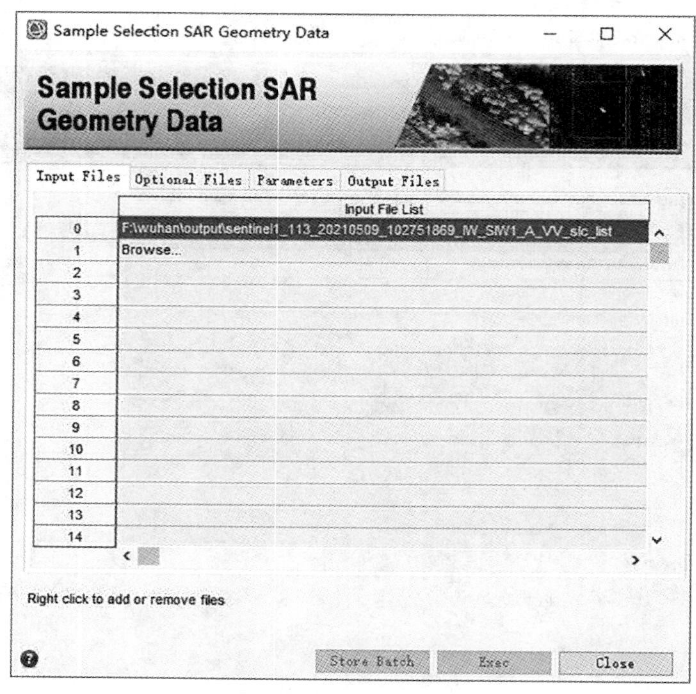

图 3.9　数据输入面板

可选文件(Optional File)项：

矢量文件(Vector File)：选择经过第一步坐标系转换后的武汉地区 SAR 坐标矢量文件。

DEM 文件(DEM File)：当用坐标范围选择子区时，需要输入 DEM 数据，这里的范围是斜距范围，所以不用设置 DEM。

参考文件(Input Reference File)：选择需要裁剪的强度图_slc_list_pwr 数据作为参考文件。

参数(Parameters)项：

配准(Make Coregistration)：False。不对输入的待裁剪的数据进行配准。

地理范围(Geographical Region)：False。代表输入的范围是斜距坐标下的范围。如果输入的矢量是地理坐标系，则选 Ture。

使用最大和最小坐标(Use Min and Max Coordinates)：False。如果激活该项目，只用到输入的矢量文件的角点坐标进行裁剪。

输出文件(Output Files)项：默认的文件名中添加了_cut。

裁剪图像如图 3.10、图 3.11 所示。

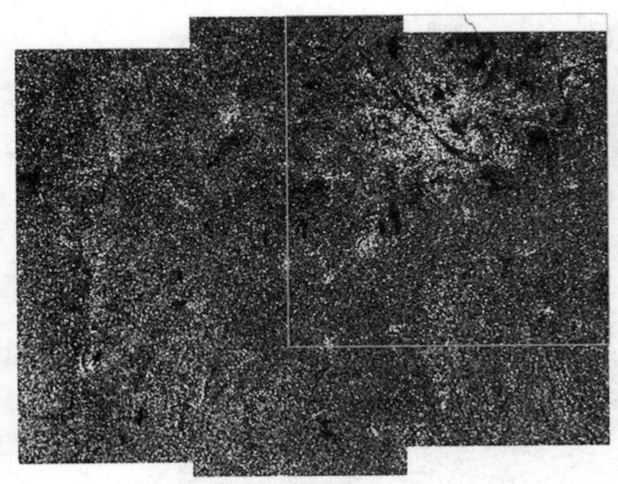

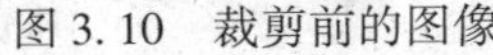

图 3.10　裁剪前的图像

图 3.11　裁剪后的图像

3.1.1.2　绘制区域裁剪

很多时候在进行雷达影像处理时，并不需要精确的矢量文件，比如在评价地震影响范围的时候，只要确定震中位置然后选择其周围区域即可。

1. 生成 shp 文件

先用 ENVI 打开 Sentinel 数据导入时生成的_list_pwr 文件，然后在 ENVI 主菜单中选择“File”→“New”→“Vector Layer”，选择_pwr 数据，绘制矢量区域，再在该矢量图层上点击右键，选择“Save As”，另存为矢量文件，如图 3.12、图 3.13 所示。

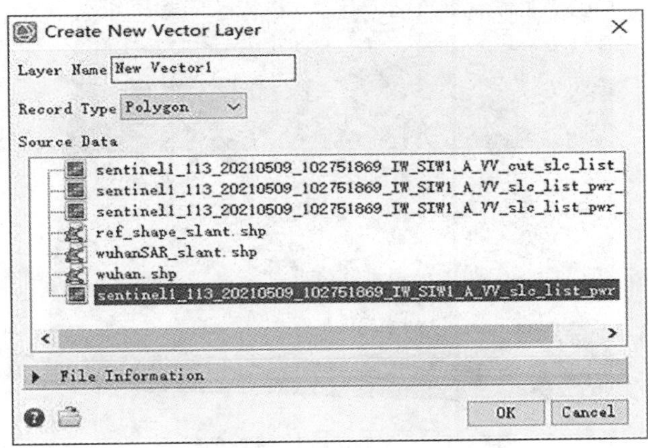

图 3.12　创建矢量

图 3. 13　裁剪范围

2. SAR 影像研究区裁剪

该步骤与 3. 1. 1. 1 中的“2. SAR 影像裁剪”中的步骤 3)完全一样，只是把输入矢量文件部分换为本节中手动选取生成的 shp 文件，本处不再赘述。裁剪结果如图 3. 14 所示。

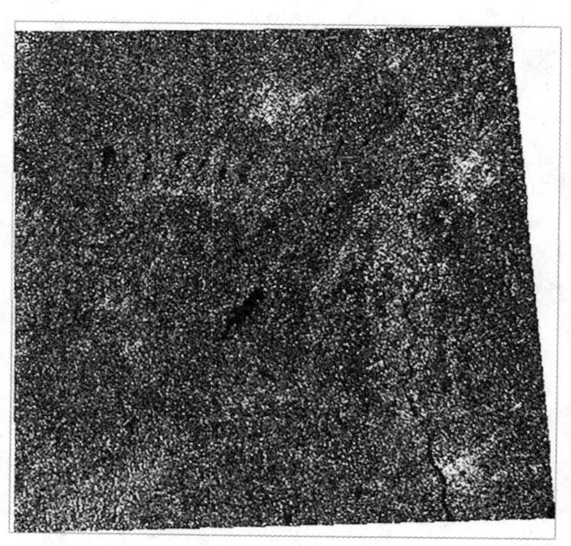

图 3. 14　自主选取区域裁剪结果

3.1.2 基于地理坐标影像裁剪

进行地理编码后的遥感影像将成为具有地理坐标的文件。此时需要对地理编码之后的数据进行裁剪。

3.1.2.1 数据准备

此处的数据来源于 3.1.2.2 中的_geo 文件，该文件如图 3.15 所示。

图 3.15 经过地理编码的数据

该处需要的矢量文件仍然是武汉地区的矢量文件 wuhan.shp。

3.1.2.2 裁剪

操作步骤：点击"SARscape"→"General Tools"→"Sample Selections"→"Sample Selection SAR Geometry Data"工具，打开"Sample Selection Geographic Data"面板。

数据输入(Input Files)项：点击"Browse"按钮，选择需要裁剪数据的_geo 文件，如图 3.16 所示。

可选文件(Optional Files)项：在矢量文件(Vector Files)中选择武汉地区矢量文件 wuhan.shp。

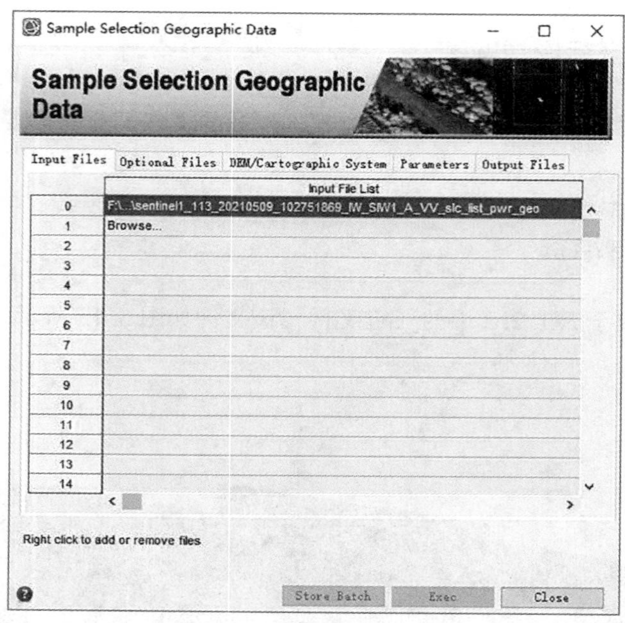

图 3.16　选择输入文件

DEM 或地图系统(DEM/Cartographic System)项：输入前面生成的 DEM 数据，如图 3.17 所示。

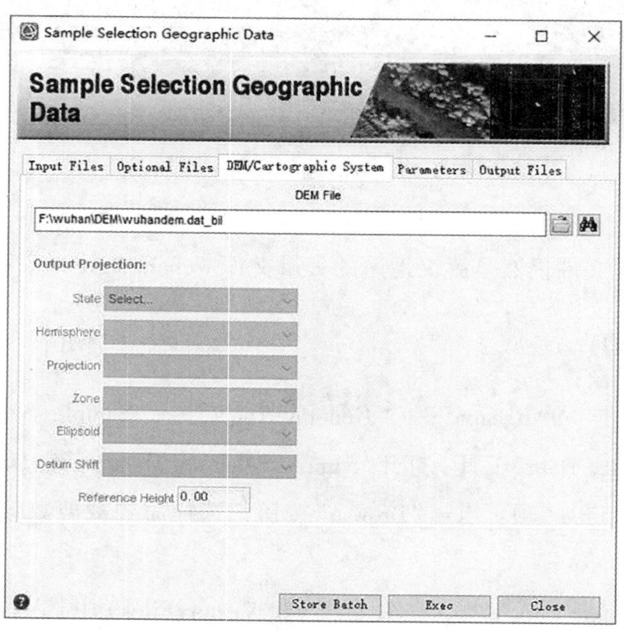

图 3.17　输入 DEM

参数(Parameters)项：对“Cut”下的参数“Perc Valid”设置大小(图 3.18)。Sentinel 数据是小图片存储，如果一个小图的裁剪面积小于该参数就不会进行裁剪，可能丢失各自想要的区域，所以此处可以选择较小的数字。

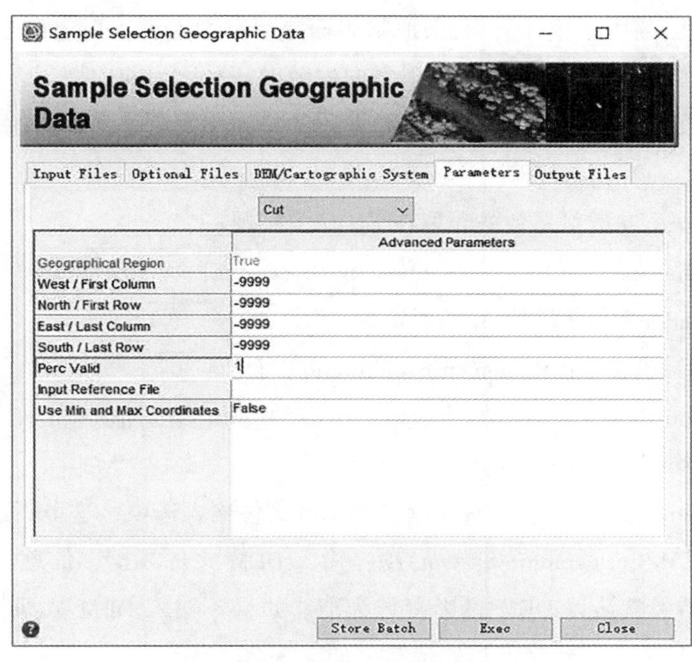

图 3.18　参数设置

输出文件(Output Files)项：选择输出路径，默认的文件名中添加了_cut_。裁剪结果如图 3.19 所示。

图 3.19　裁剪前后的图像

3.2　地理编码和辐射定标

一般来说，若地物表面是光滑的，入射电磁波将产生镜面反射，波束垂直地物表面，反射波就按逆垂直入射方向返回。而当地物表面是粗糙面时，入射电磁波就会产生散射，即产生向各方向都有的漫反射，顺着入射方向的散射分量称为前向散射，逆入射方向的散射分量称为后向散射。雷达传感器测量的是发射脉冲和接收信号强度的比例关系，也称为后向散射系数。

Sentinel-1 数据后向散射系数的获取在 ENVI 中实现：

(1)点击“SARscape”→“Basic”→“Intensity Processing”→“Geocoding”→“Geocoding and Radiometric Calibration”(地理编码和辐射定标)。

(2)打开“Geocoding and Radiometric Calibration”面板：

数据输入(Input Files)项：选择前面导入生成的_pwr 强度图数据，如：sentinel1_113_20210509_102751869_IW_SIW1_A_VV_slc_list_pwr。

可选文件(Optional Files)项：有控制点和地区文件输入选项，这里不选择任何文件。

投影参数(DEM/Cartographic System)项：输入 DEM 文件或投影信息。若输入 DEM 数据，最后的输出结果默认以 DEM 投影参数为准。如果不输入 DEM 数据，则设置“Output Projection”。这里输入全球经纬度投影信息，如图 3.20 所示。

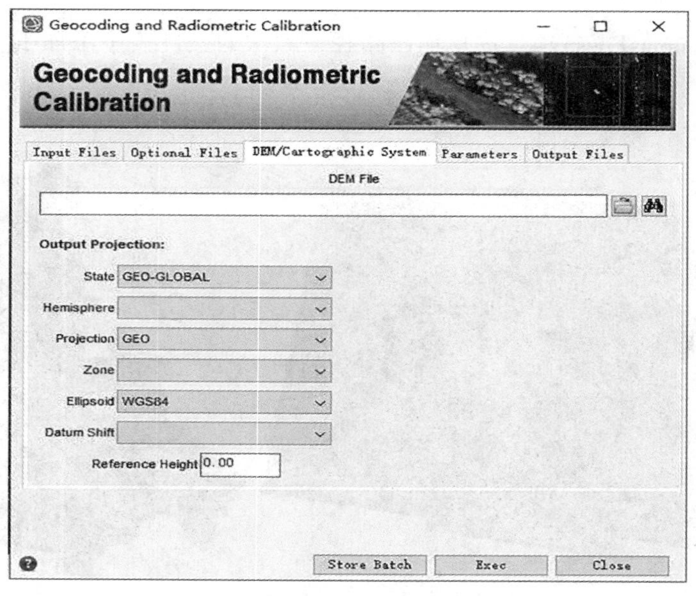

图 3.20　投影信息输入面板

参数设置(Parameters)项：设置像元大小，这里设置为 20。像元大小的设置与原图像和目标图像的分辨率有关。辐射定标(Radiometric Calibration)选择“True”。辐射归一化(Radiometric Normalization)选择“True”。其他参数默认即可。如图 3.21 所示。

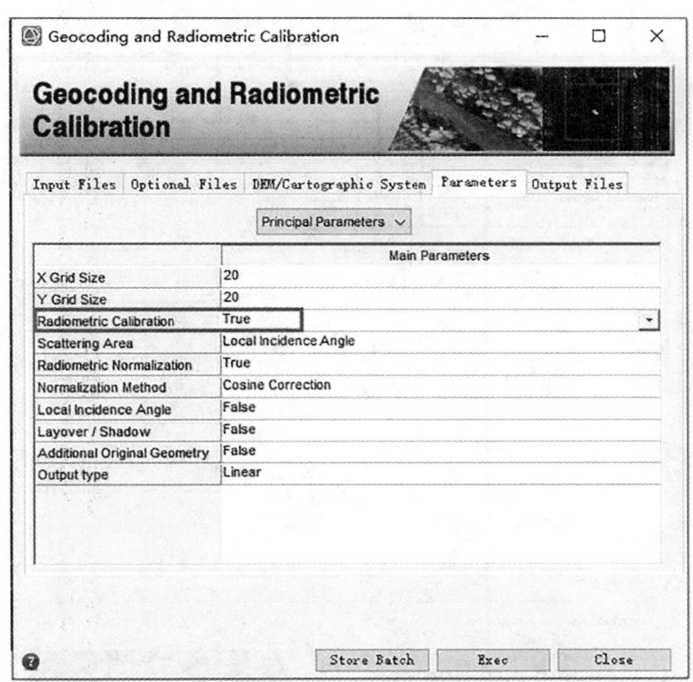

图 3.21 主要参数设置

在参数(Parameters)项下拉菜单中的“Other Parameters”选项中把“Geocode Sigma”“Geocode Gamma”和“Geocode Beta”都选择为“True”。该设置可以输出后向散射系数(Sigma)、归一化后向散射系数(Gamma)、雷达亮度或者反射值(Beta)图。如图 3.22 所示。

在输出文件(Output Files)项中更改输出路径，点击“Exec”(执行)按钮，开始进行地理编码和辐射定标。如图 3.23 所示。

输出结果：输出以 Sigma，Gamma，Beta 值作为组合波段的图像，显示在图形窗口。图像命名格式为_geo_sigma，_geo_gamma，_geo_beta。注：如果在参数设置时只选择 Sigma 为 True，则只输出后向散射系数图，那么输出文件以_geo 为后缀，即是后向散射系数图。如图 3.24 所示。

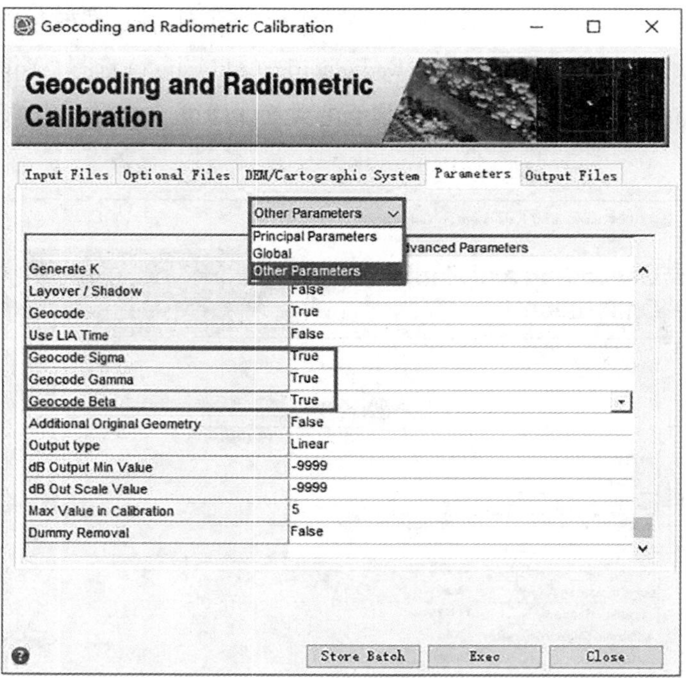

图 3.22　参数设置

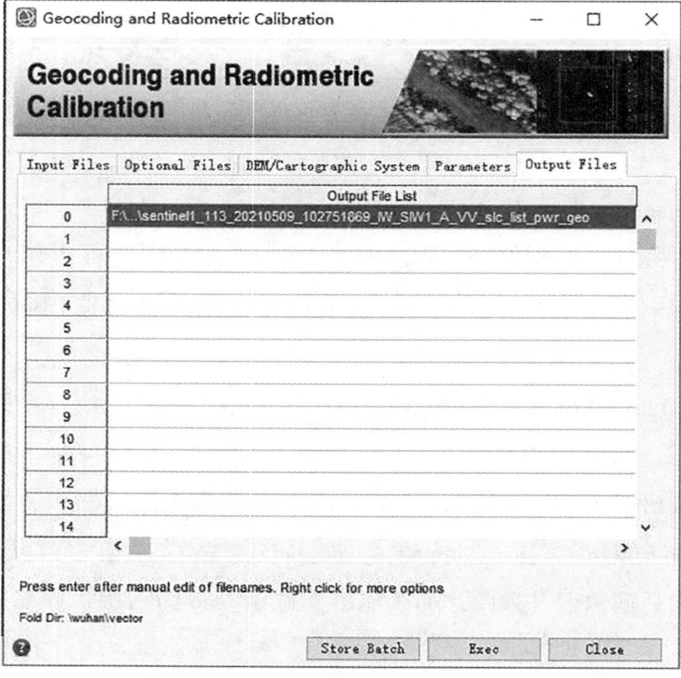

图 3.23　文件输出

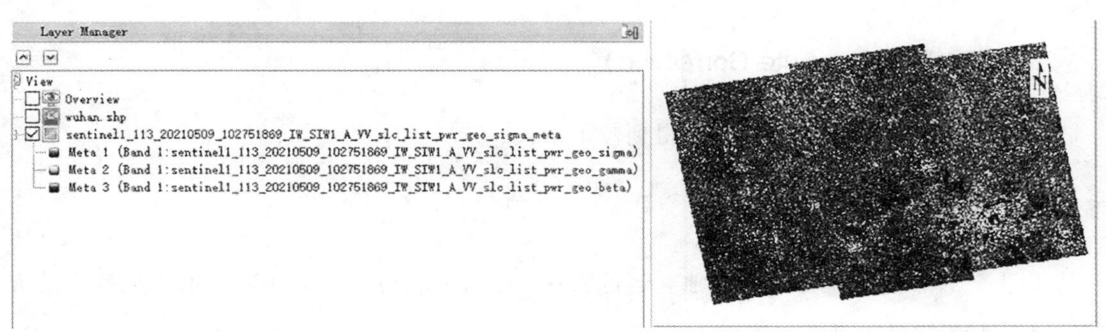

图 3.24 后向散射系数、归一化后向散射系数、雷达亮度值图像

3.3 雷达影像辐射校正

3.3.1 辐射校正原理

雷达后向散射系数取决于物体的粗糙度及其介电特性。分析雷达图像的一个有用的经验法则是，后向散射系数越高，被成像的表面就越粗糙。考虑到物体的电气性能，在干燥条件下，介电常数很低，因此对后向散射响应的贡献有限。相反，土壤或植被表面的湿度会使雷达反射率显著增加(多达 10 倍)，从而使雷达系统可以用来推断土壤湿度。但是，如果最终目标是获得土地覆盖图，这种特殊的辐射畸变会对分类结果产生负面影响。因此，在这种情况下，去除与介电相关的影响(通常由降雨事件引起)对后向散射系数是有利的。

除了介电常数相关的变化，数据还会受到绝对辐射失真和距离辐射失真的影响，这可能与 SAR 天线的异常有关。这些失真也可以使用校正后功能进行校正。

在 ENVI 软件中有三种 SAR 影像的辐射校正方法：

1. 距离校正(Range Correction)

通过识别不同距离方位上的相同土地覆盖区域，校正在距离向后向散射变化的影响。

2. 介电常数校正(Dielectric Correction)

用一个或者多个参考影像校正由于时相造成的介电常数的失真。计算得到的介电常数校正系数还可用于定性湿度指标。

3. 绝对校正(Absolute Correction)

在多时相数据集统计的基础上得到校正系数。

3.3.2　距离校正流程

以上三种辐射校正方法可以独立运行或者以组合方法运行。本实验选取距离校正的方法，在 ENVI 软件中操作步骤如下：

1)选择区域

即使经过辐射定标和归一化处理，SAR 影像仍可能受到后向散射变化的影响。距离校正通常是通过识别不同范围位置的相同的土地覆盖区域(以分布式形状文件的形式)来完成的，这些区域在校正过程中用作参考。也可以将形状文件绘制成一个单一的、大的均匀区域，而不是几个小的区域。在没有提供形状文件的情况下，程序将在距离方向均匀地收集校准样品以进行校正。通常选择森林覆盖区域。

操作步骤：点击“File”→“New”→“Vector Layer”，绘制所选区域并保存为矢量文件。

2)距离校正(该步骤需要在 ENVI Classic 版本中完成)

操作步骤：选择“SARscape”→“Basic”→“Post Calibration”，打开定标后处理面板(Post Calibration)。

在距离校正文件(Range Correction file)中输入第一步获取的矢量文件数据(图 3.25)。勾选右侧距离校正(Range Correction)选项，只进行距离校正。

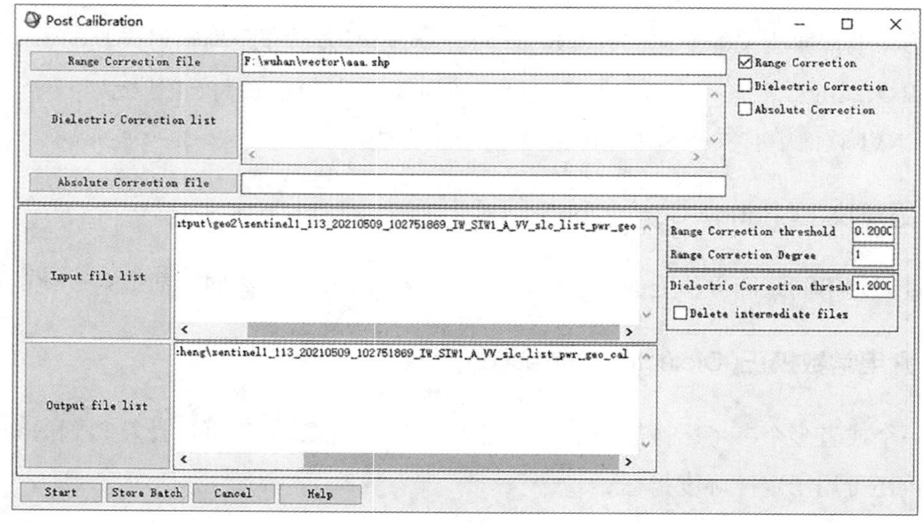

图 3.25　距离校正面板

介电常数校正列表(Dielectric Correction List)为可选项，该文件列表的图像是不受介电常数变化所影响的参考影像，只有在进行介电常数校正时，才必须使用此文件列表(最少1张图片)。同样，绝对校正列表(Absolute Correction File)只有在绝对校正的时候才会用到。

距离校正阈值(Range Correction Threshold)，该值代表距离校正只用于那些后向散射值低于该阈值的像素。这里选择默认的0.2。

在输入文件列表(Input file list)中输入经过地理编码和辐射定标后的后向散射系数图。

输出文件列表(Output file list)中为输出文件的位置和名称。其他参数默认即可。

点击"Exec"(执行)按钮，得到经过距离校正后的影像，如图3.26所示。

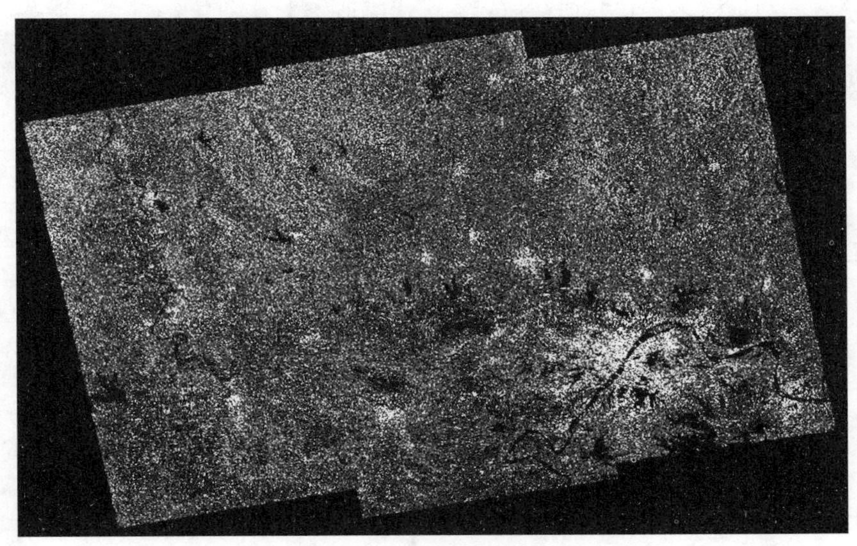

图3.26 辐射校正处理结果

3.4 噪声去除方法

3.4.1 雷达影像噪声产生原理

对于SAR影像，其最主要的噪声是斑点噪声，尤其是单视幅度SAR影像，其给SAR影像的正确解译和应用带来极大的困难。

SAR影像上的斑点噪声形成原理如下：当雷达波照射一个粗糙表面时，返回的信号包含了一个像元内许多地物共同的回波信号，由于表面粗糙，同一像元内各地物与传感器之间的距离是不一样的，因此回波在相位上可能不是相干的。如果回波相位一致，那么接收到的是强信号，如果回波相位不一致，则接收到的是弱信号，结果导致回波强度发生逐像元的变化，称为斑点噪声。相干原理如图 3. 27、图 3. 28 所示。

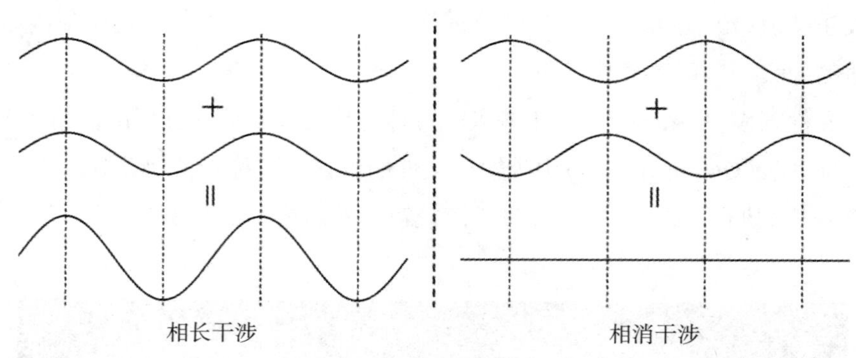

图 3. 27　相干波的叠加示意图

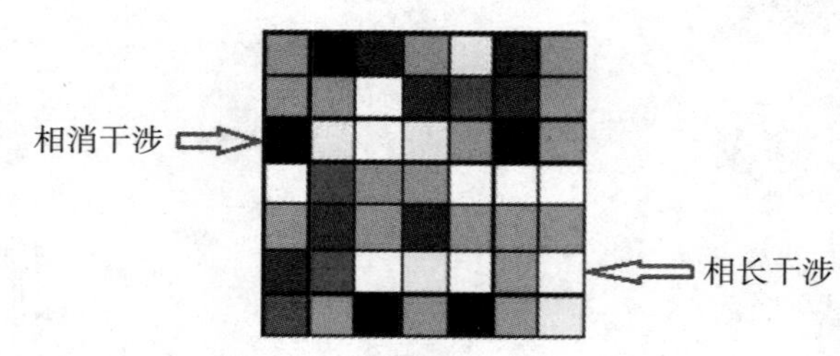

图 3. 28　在像元上的表现

3. 4. 2　滤波方法

3. 4. 2. 1　多视处理滤波

多视处理滤波的原理实质上是数字图像处理中的图像运算中的加法运算，然后除以图像的个数，就得到滤波后的图像。虽然多视处理降低了空间分辨率，但是增加了辐射分辨率，对于大范围目标来说是很好的滤波手段。

在 ENVI 中实现如下：

(1)选择数据的系统参数并设置制图分辨率为相应数据的地距分辨率(或者更大)。步骤：点击“SARscape”→“Preferences”，如图 3. 29 所示。

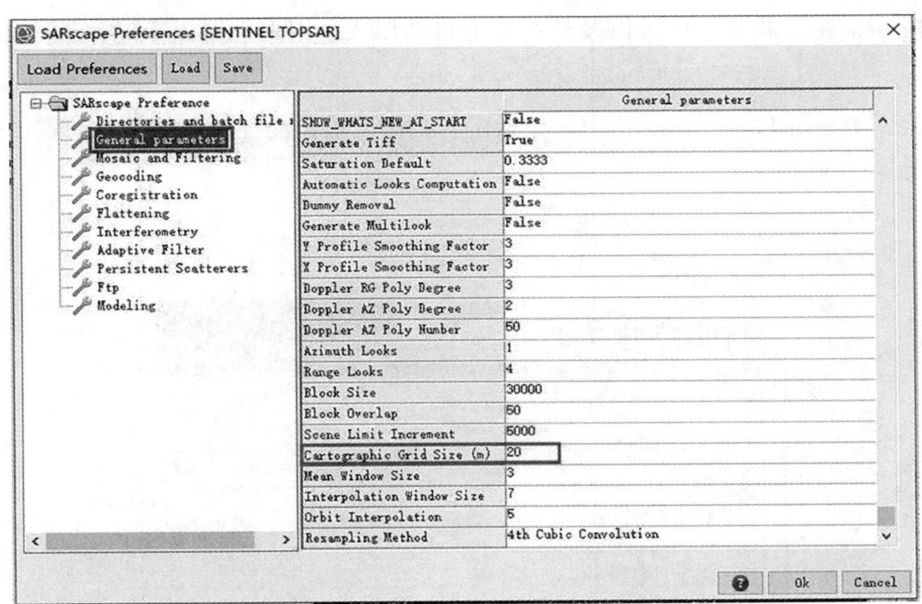

图 3.29　参数设置

(2)打开工具“SARscape”→“Basic”→“Intensity Processing”→“Multilooking”，在“Input File List”中输入之前导入生成的_slc_list 数据，软件根据之前设置的制图分辨率(20m)自动计算视数并弹出对话框，点击“确定”按钮。如图 3.30 所示。

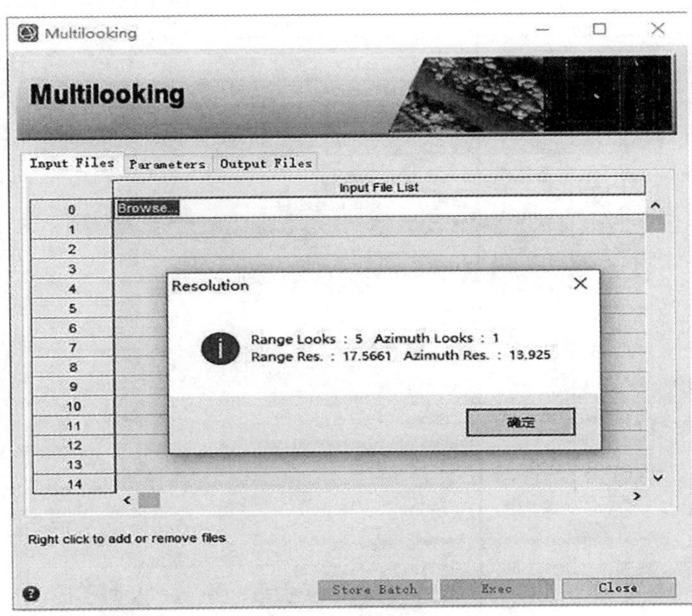

图 3.30　计算视数

在Parameters面板中，视数以及分辨率会自动填入，用户也可以手动修改。如图3.31所示。

切换到 Output Files 面板，可以通过点击右键改变输出路径，文件名自动添加_pwr 的后缀。如图 3.32 所示。

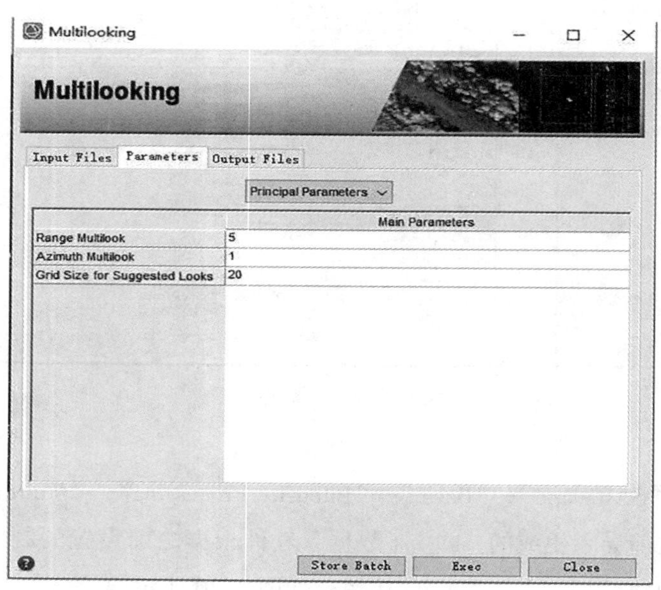

图 3.31　参数设置

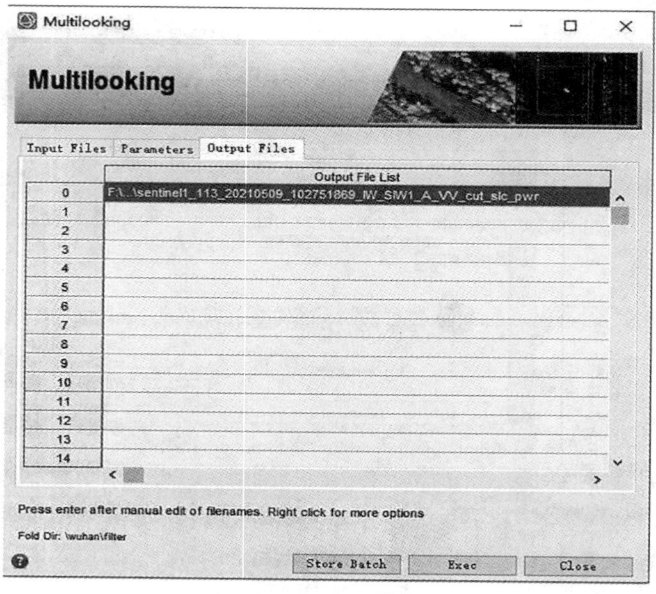

图 3.32　输出路径选择

点击“Exec”按钮，运行完成后，多视的强度数据在 ENVI 中自动加载显示。由于多视处理改变了像元的分辨率，所以图像的大小和形状有些变化。多视处理前后图像分别如图 3.33、图 3.34 所示。

图 3.33 多视处理前的图像

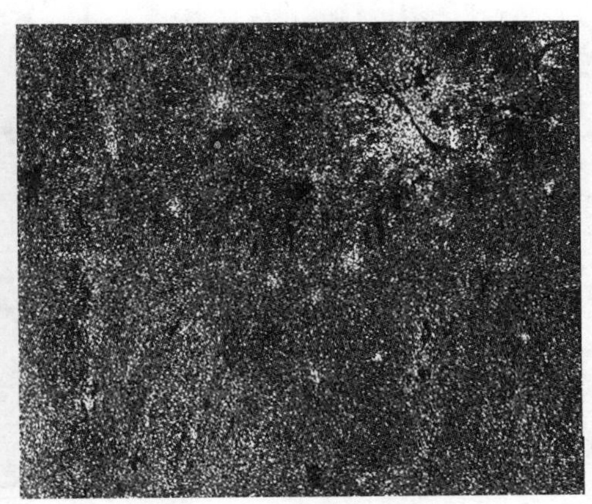

图 3.34 多视处理后的图像

3.4.2.2 基于空间域的滤波

基于空间域滤波的方法，实质上是指直接以图像为处理对象，不做任何变换，利用各种图像平滑模板对图像进行卷积处理，以达到抑制或消除噪声的目的。这种方法分为基于统计模型的算法和基于非统计模型的算法。常见的均值滤波和中值滤波属于非统计模型，虽然它们能有效地平滑斑点噪声，但是，由于 SAR 的斑点噪声是乘性噪声，而中值滤波是非自适应性的，因此其纹理保持和滤波效果并不理想。

典型的基于空间域的滤波方法有邻域均值法、邻域中值法、Lee 滤波及增强型、Frost 滤波及增强型、Gamma MAP 滤波及增强型等。本节以增强 Lee 滤波为例。

增强 Lee 滤波在 ENVI 中的实现过程为：点击“Filter”→“Enhanced Lee Filter”，打开数据输入面板，如图 3.35 所示。选择要进行滤波处理的_pwr 强度图。

点击“OK”选择滤波参数，图 3.36 中“Filter Size”为卷积核的大小，用来控制卷积视野。注意这里卷积核的大小对滤波结果影响比较大，如图 3.37～图 3.40 所示。而且卷积核越大，滤波计算量也越大，需要的时间也随之增加。通常情况下，Lee 滤波窗口大小选择 7×7。此处滤波图像大小可以裁剪部分区域进行滤波处理，以避免不必要的计算。

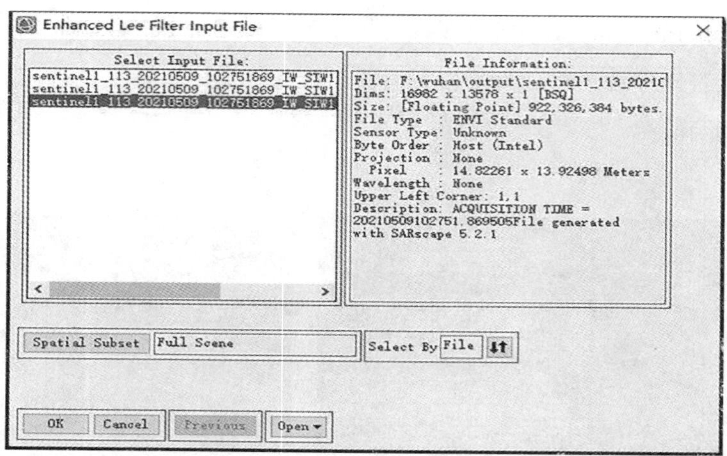

图 3.35　输入文件

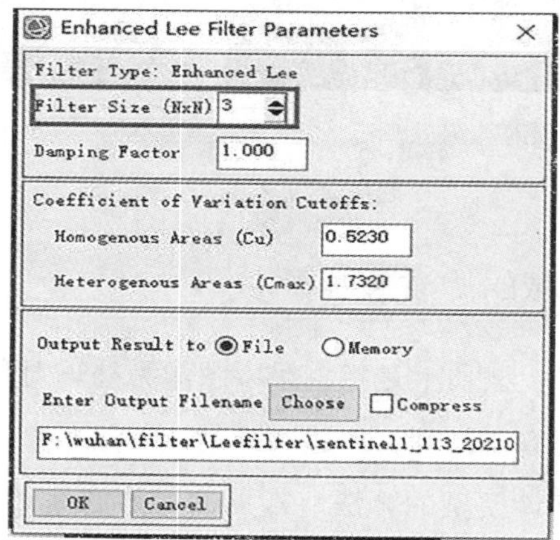

图 3.36　参数面板

图 3.37　原始图像

图 3.38　增强 Lee 滤波后图像(3×3)

图 3.39　增强 Lee 滤波后图像(5×5)

图 3.40　增强 Lee 滤波后图像(7×7)

3.4.2.3　基于变换域的滤波——傅里叶变换

变换域滤波就是将原始图像进行变换，从图像变换到其他域，如频率域，在变换域内进行滤波处理，然后再变回到图像域。常用的变换方法有傅里叶变换、小波变换、多尺度几何变换等。

此处对拉伸过后的 TIFF 影像做处理，该文件与强度图_pwr 在同一个文件目录下。在 ENVI 中的处理步骤如下。

1. 傅里叶正变换

点击“Filter”→“FFT(Forward)”，打开傅里叶变换正向变换面板，选择对应的 .tif 文件，如图 3.41 所示。

在“Spatial Subset”项中设置需要做傅里叶变换的区域，如图 3.42 所示，这里行和列不能为奇数值。设置完毕后点击“OK”按钮，选择输出路径，点击“OK”即开始计算。该处计算过程从 0 跳跃到 100，中间不会显示进度。

输出结果如图 3.43 所示。其中，中间亮部代表低频信息，周围暗部代表高频信息。噪声主要集中在高频区域，低通滤波器正好可以滤除高频噪声，完成图像的去噪。

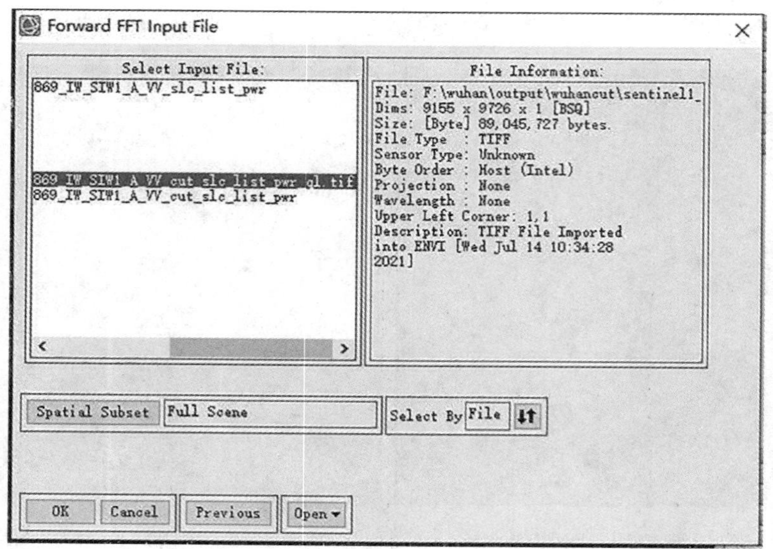

图 3. 41　正变换输入文件

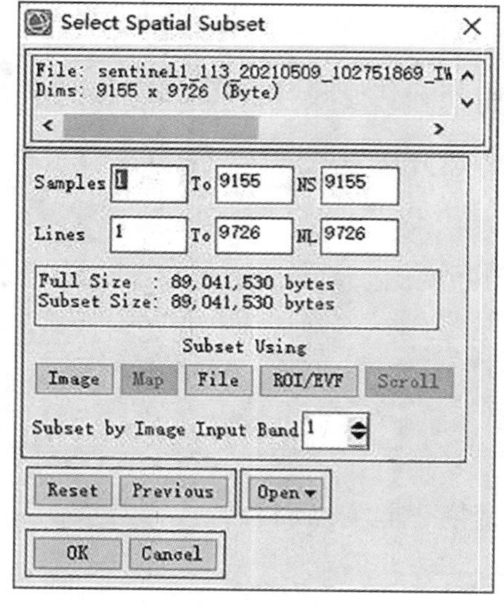

图 3. 42　参数设置

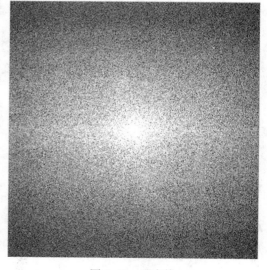

图 3. 43　正变换

2. 滤波器定义

点击“Filter”→“FFT Filter Definition”，打开滤波器定义面板，如图 3. 44 所示。

在“Samples”和“Lines”中输入滤波器大小，这里可以选择图像大小。滤波器类型(Filter_Type)项，选择圆形通过(Circular Pass)，代表圆内部可以通过，外部不可以通过。

Radius 代表以像元为单位的半径，Number of Border Pixels(边框像素数)用于细化滤波器，0 值代表没有平滑。选择输出路径和文件名，点击“Apply”按钮即生成滤波器，如图 3.45 所示。

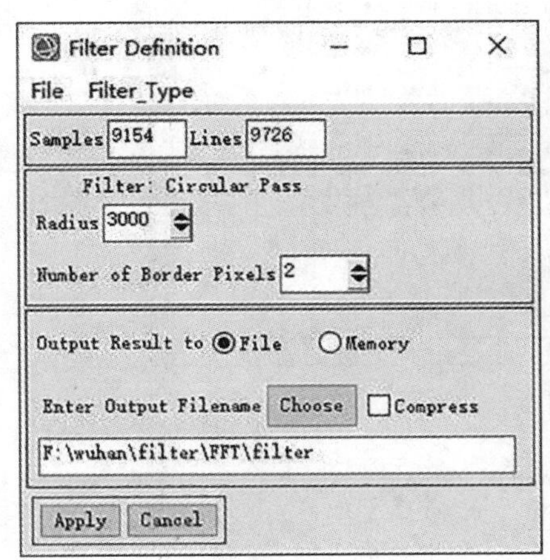

图 3.44 参数设置

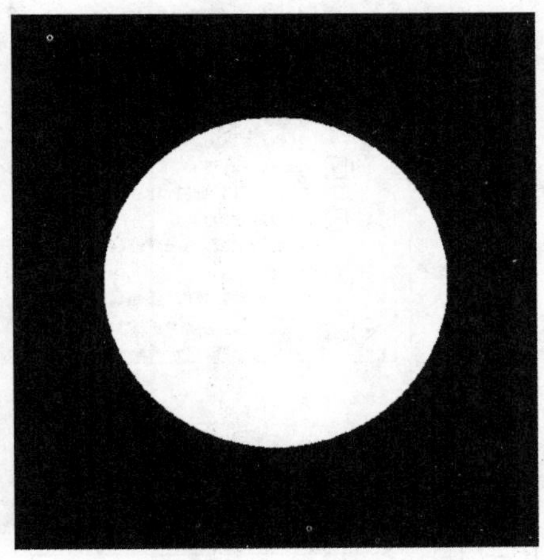

图 3.45 滤波器

3. 傅里叶反变换

点击“Filter”→“FFT(Inverse)”，打开傅里叶变换反变换面板，在“Inverse FFT Input File”面板中选择正变换频率图，点击“OK”继续，如图 3.46 所示。

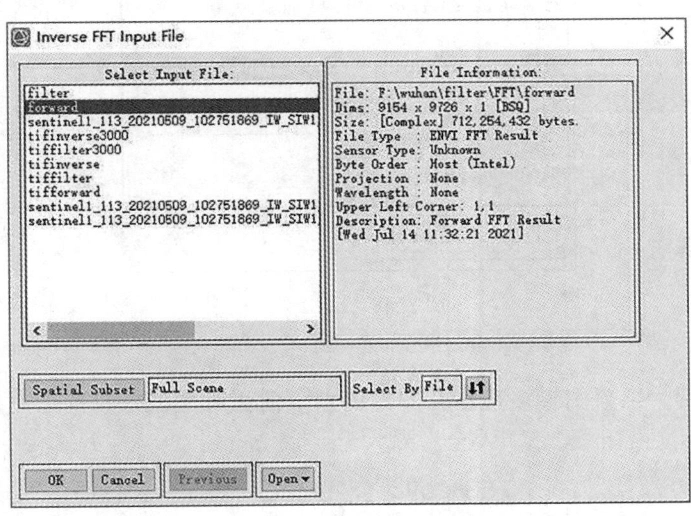

图 3.46 反变换输入文件

在“Inverse FFT Filter File”面板中输入滤波器，点击“OK”继续，如图 3.47 所示。

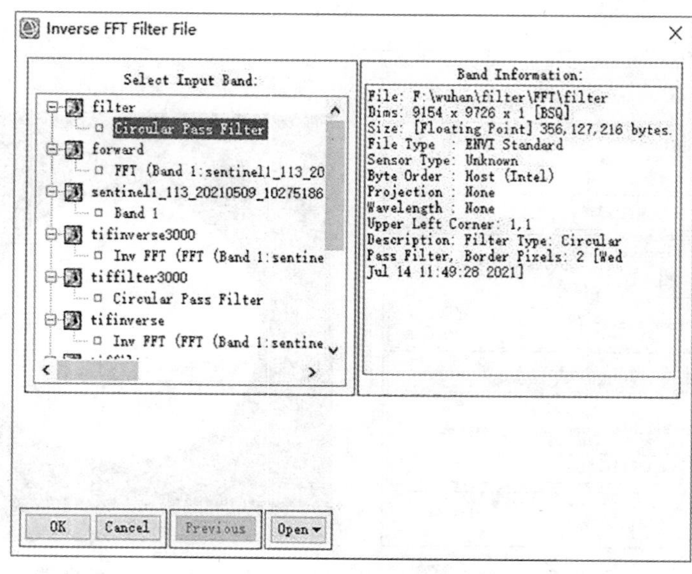

图 3.47　输入滤波器

选择输出路径和文件名及输出数据类型，这里默认即可。点击“OK”开始反变换，如图 3.48 所示。

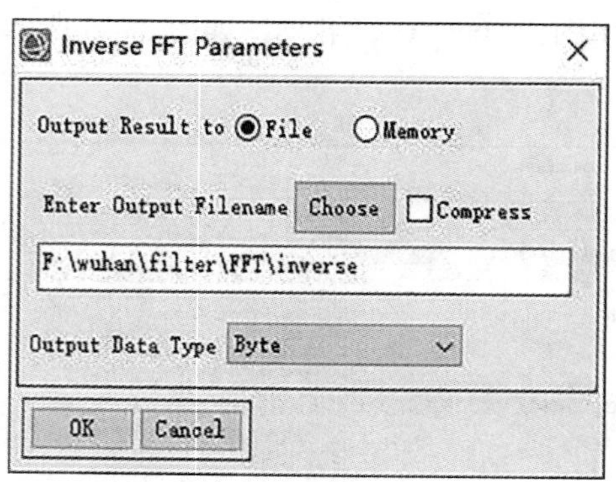

图 3.48　输出文件

过程结束之后，结果图直接显示在图像窗口。傅里叶滤波效果前后对比如图 3.49、图 3.50 所示。

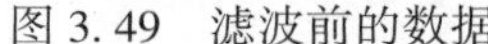

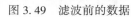

图 3.49 滤波前的数据

图 3.50 FFT 滤波后的数据

第 4 章　雷达图像与光学影像的融合

4.1　利用 SNAP 软件进行几何校正以及滤波处理

首先在 SNAP 软件中打开影像，在主页面左上方“Product Explorer”中的“Bands”下双击“band_1”，显示影像，如图 4.1 所示。

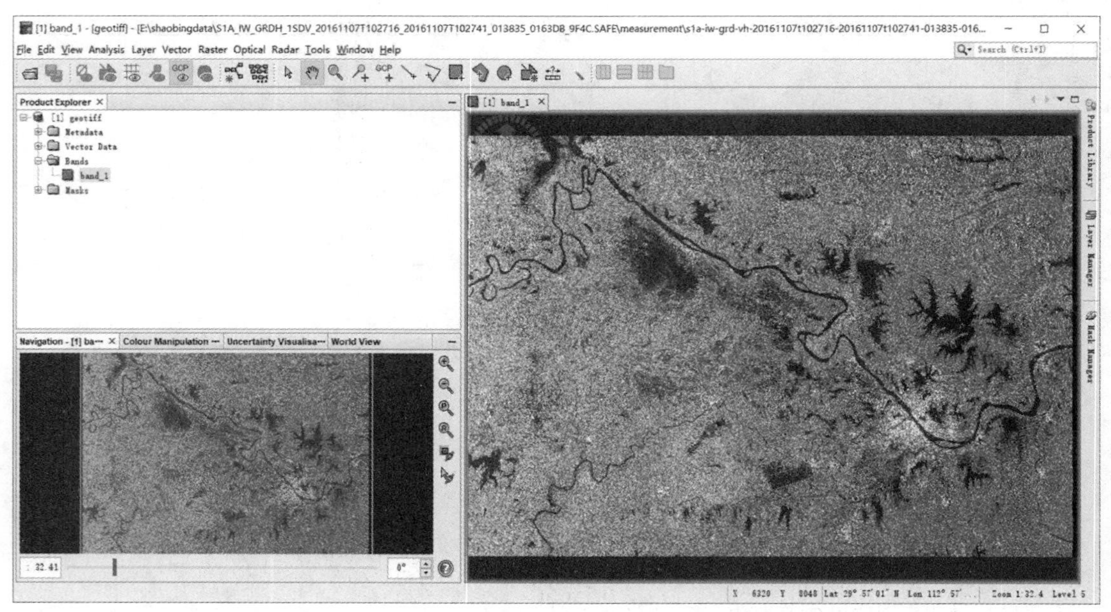

图 4.1　待校正影像

准备进行几何校正。选择主菜单中的“Radar”→“Geometric”→“Ellipsoid Correction”→“Geolocation”→“Grid”，在出现的窗口中选择待校正的影像(Source Product)、校正后影像的名称(Name)、输出路径(Directory)以及输出文件类型(Save as)。如图 4.2 所示。

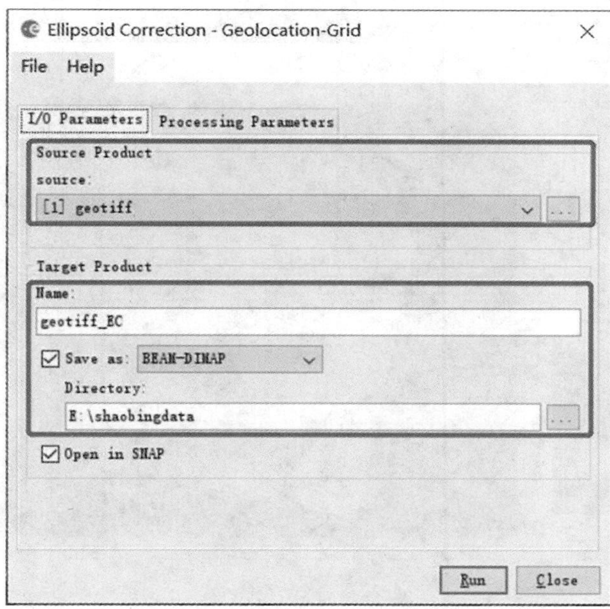

图 4.2 输入输出设置

在“Processing Parameters”中点击“Map Projection”右边的选项，选择“UTM/WGS 84 (Automatic)”，点击“OK”。如图 4.3 所示。

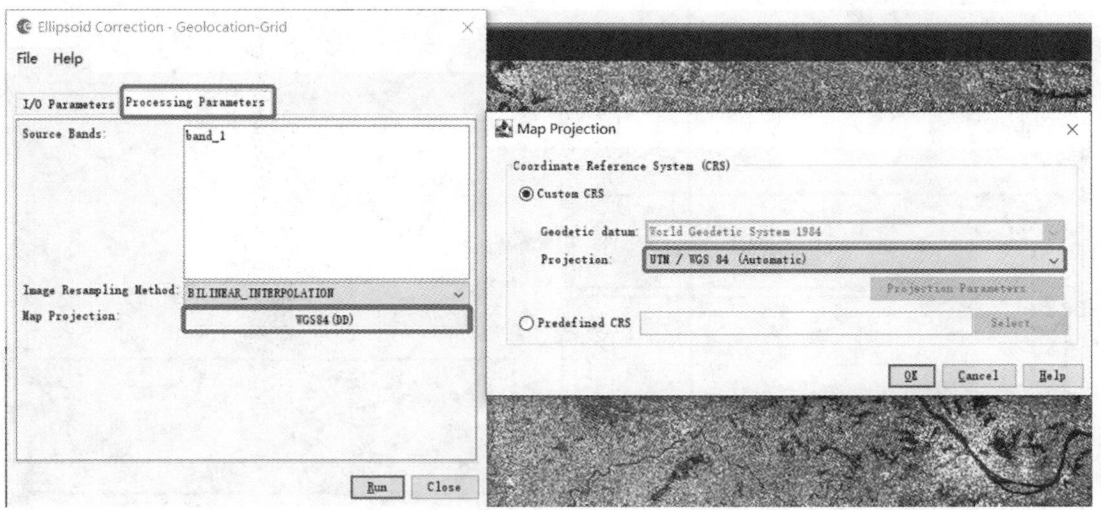

图 4.3 几何校正参数设置

参数设置完毕后点击“Run”，运行结束后得到几何校正后的影像。如图 4.4 所示。

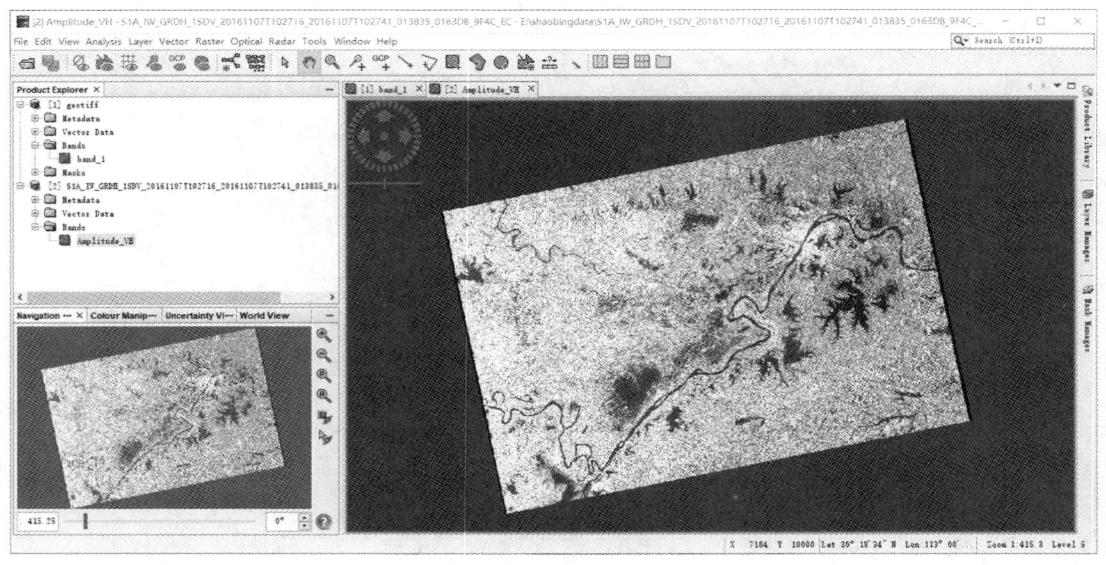

图 4.4　校正后影像

经几何校正后的雷达影像依然需要进行斑点噪声去除。在主菜单中选择“Radar”→“Speckle Filter”→“Single Product Speckle Filter”，在“I/O Parameters”页面中设置待滤波的影像、输出名称、输出路径以及文件类型。在“Processing Parameters”页面设置滤波类型及参数，可选择滤波类型以及滤波窗口大小。如图 4.5 所示。

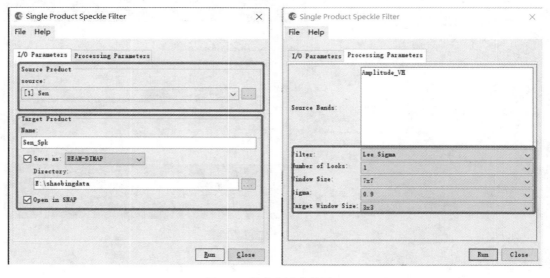

图 4.5　噪声去除参数设置

设置完毕后点击“Run”，得到去除噪声后的影像。各个滤波类型说明及效果如下：

(1)Lee Sigma 滤波。该滤波是基于高斯分布的 Sigma 概率，它通过在滤波窗口落在中央像素的两个 Sigma 范围内的像素进行平均来消除影像噪声。高斯分布的两个 Sigma 概率是0.955，即高斯分布随机样本的95.5%都落在其均值的两个标准偏差范围之内。该方法是事先计算出所有灰度级(例如256个灰度级)的 Sigma 范围，并储存在数组中。对滤波窗口内的中央像素，从数组中提取出 Sigma 范围值，将窗口内像素与这些上下限进行比较，对落在上下限内的像素进行平均，并用平均值来代替中央像素的值。落在这两个 Sigma 范围之外的像素将被忽略。如果没有其他窗口像素落在两个 Sigma 范围内时，引入一个阈值 K，如果落在 Sigma 范围内的像素总数小于或等于 K 时，就用中间像素的四个最近的相邻像素的平均值来替代。如图4.6所示。

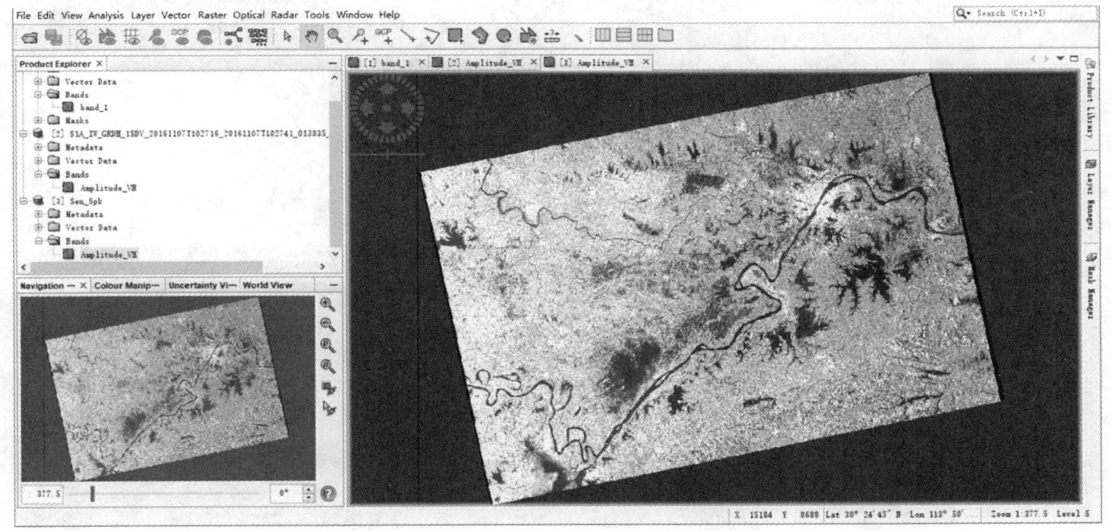

图4.6 Lee Sigma 滤波处理结果

(2)Boxcar 滤波。该方法是在滑动的滤波窗口中取平均像素值的一种滤波方法。如图4.7所示。

(3)Median 滤波。中值滤波是采用滤波窗口内所有像素的中值来代替中心像素的值，它能够有效地孤立斑点噪声。但是，这种滤波器存在边缘模糊，消除细的线性特征以及目标形状扭曲等常见问题。经过中值滤波处理后影像失真度较大，纹理等细节信息损失较严重。如图4.8所示。

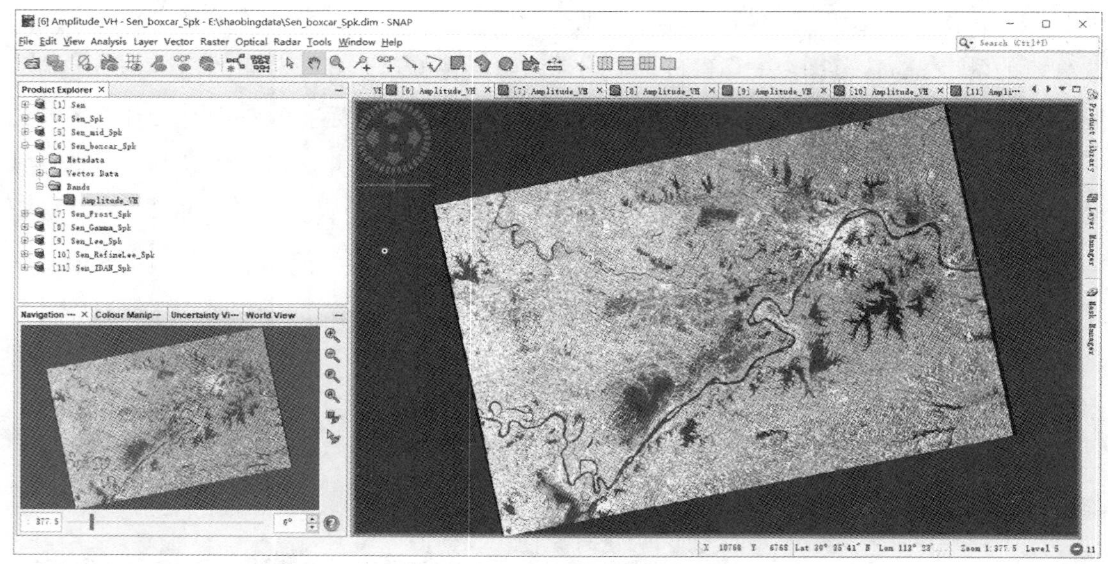

图 4.7 Boxcar 滤波处理结果

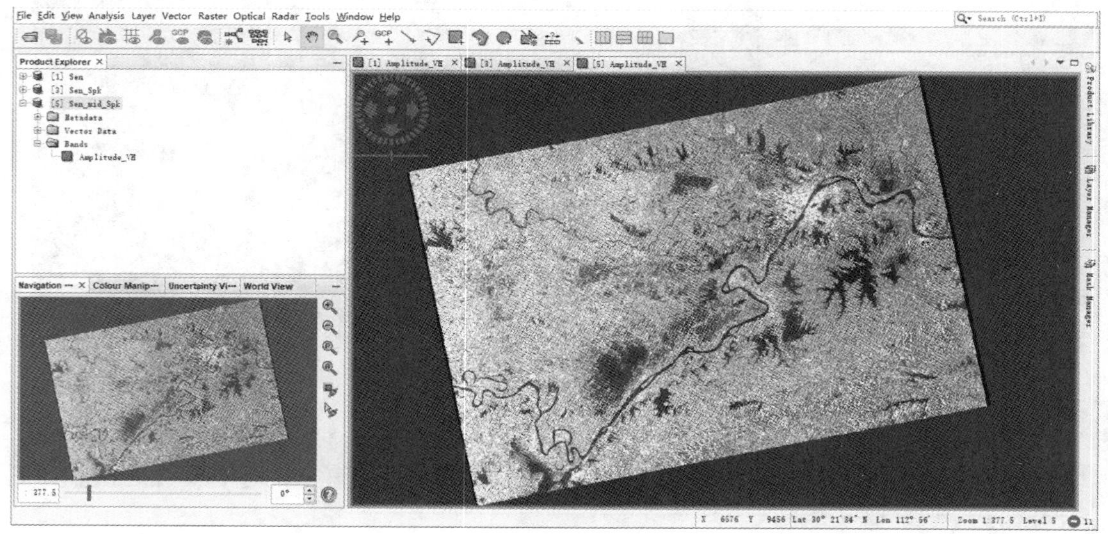

图 4.8 Median 滤波处理结果

(4) Frost 滤波。该滤波器用于在雷达图像中保留边缘的情况下，减少斑点噪声。它是使用局部统计的按阻尼指数循环的均衡滤波器。被滤除的像元将被某个值替代，该值根据像元到滤波器中心的距离、阻尼系数以及局部方差来计算。如图 4.9 所示。

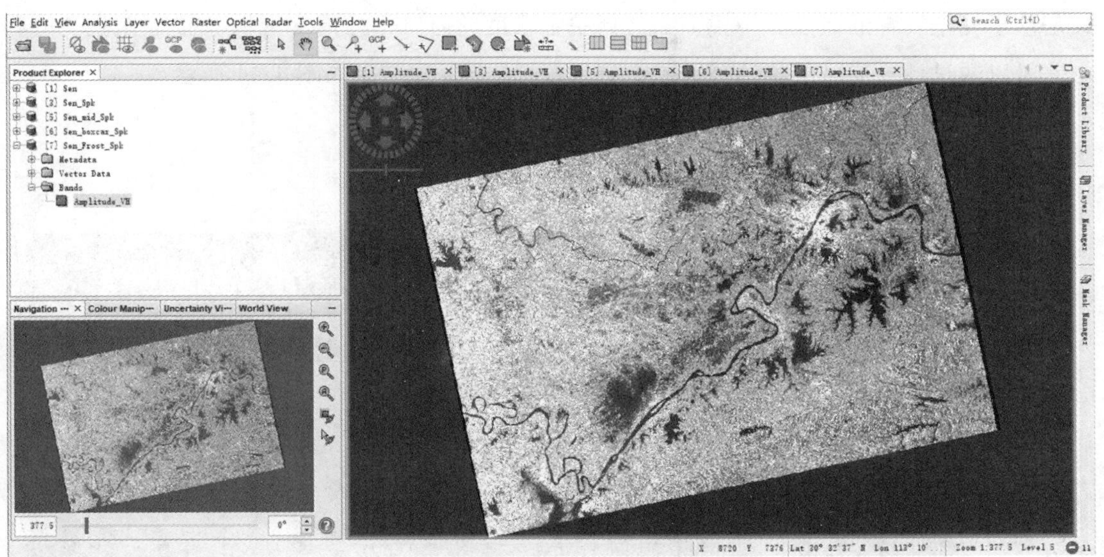

图 4.9　Frost 滤波处理结果

(5) Gamma map 滤波。该滤波可以考虑为后验条件概率密度函数最大化时的真实图像的估计问题，其关键在于 Gamma 先验分布的未知形状参数和尺度参数的估计。如图 4.10 所示。

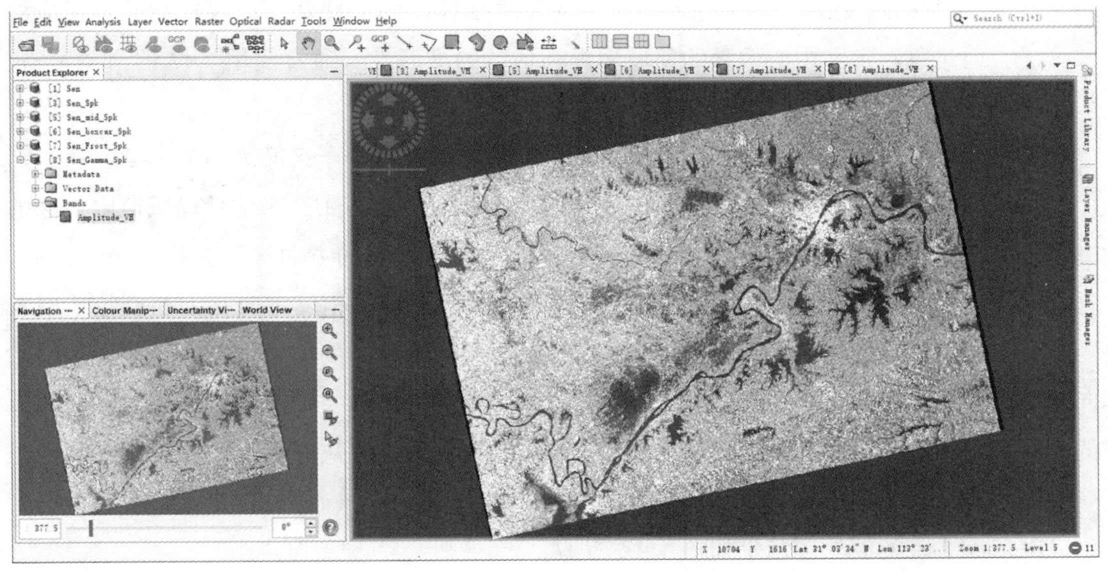

图 4.10　Gamma map 滤波处理结果

(6) Lee 滤波。该滤波是利用图像局部统计特性进行图像斑点滤波的典型方法之一，其是基于完全发育的斑点噪声模型，选择一定长度的窗口作为局部区域，假定先验均值和方差可以通过计算局域的均值和方差得到。Lee 滤波处理结果如图 4. 11 所示。

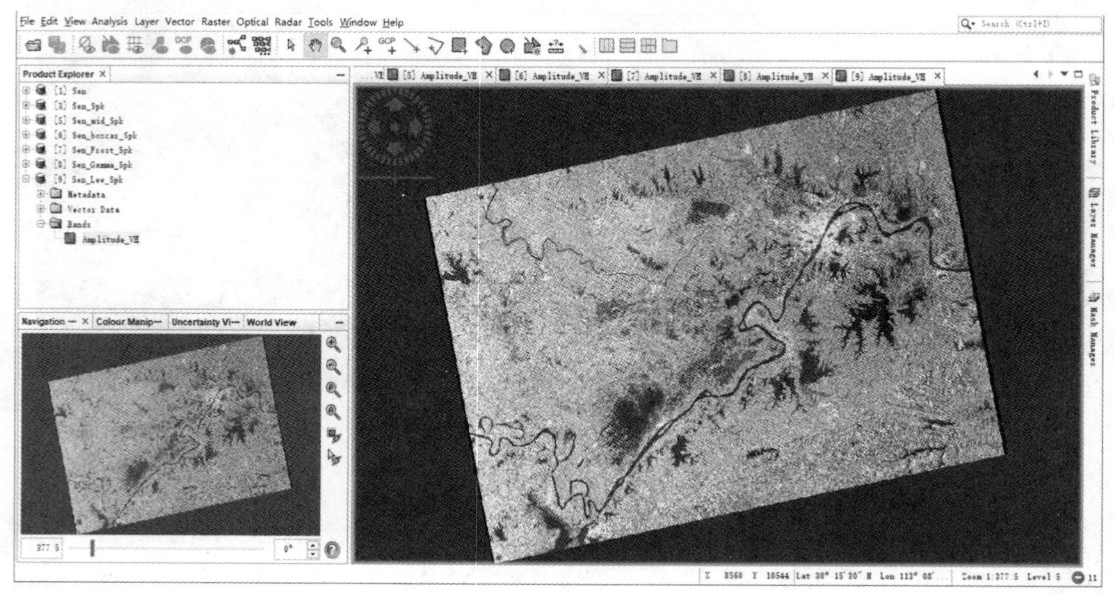

图 4. 11　Lee 滤波处理结果

(7) Refined Lee 滤波。该方法是在 Lee 滤波之后提出的一种基于边缘检测的自适应滤波算法，通过重新定义中心像素的邻域来提高估计的准确性。通常使用 7×7 的滑动窗口，假定中心像素为 x：

①将 7×7 的滑窗分为九个子区间，区间之间有重叠，每个子区间大小为 3×3。

②计算各子区间的均值，用这个均值构造一个 3×3 的矩阵 M，来估计局域窗中边缘的方向。将 3×3 的梯度模板应用到均值矩阵，梯度绝对值最大的方向被认为是边缘的方向。这里只需要用水平、垂直、45°和 135°四个方向的梯度模板，相反方向互为相反数。用 M 矩阵与四种边缘模板与之进行加权计算，计算结果绝对值最大的为边缘方向。一种边缘方向对应两种模板 M_{ij} 和 M_{ji}，比较 M_{ij} 和 M_{ji} 的大小，确定选择哪一种窗口。所有阴影区域外的像素将取代原来滑窗内所有的像素来计算局域均值和方差，从而重新估计局域窗的中心像素值。

Refined Lee 滤波处理结果如图 4. 12 所示。

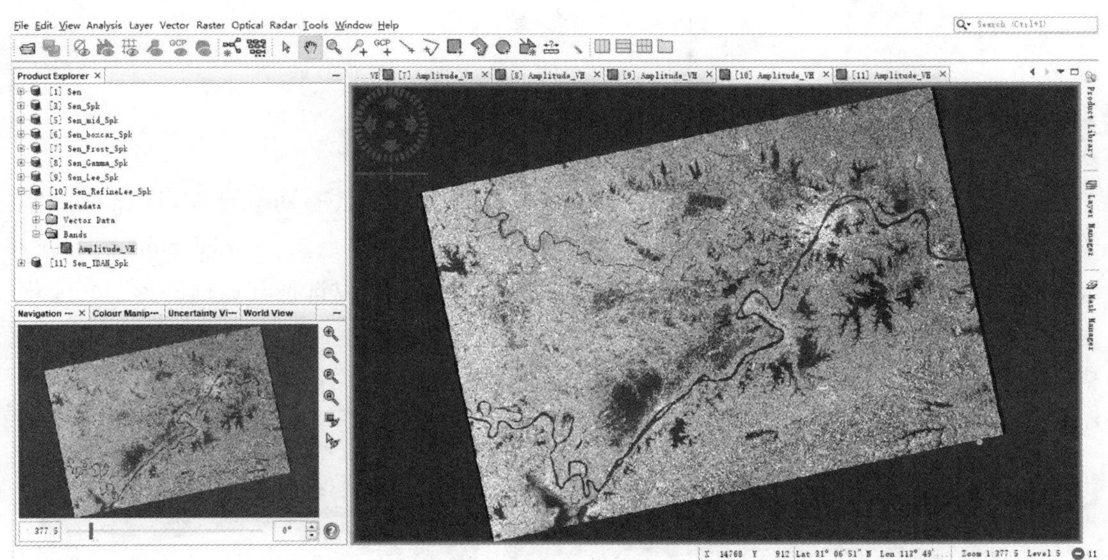

图 4.12 Refined Lee 滤波处理结果

(8)IDAN 滤波。该滤波是基于邻域的自适应强度滤波，在噪声强度较大的地方，平滑的力度也会大，相应地，在噪声强度低的地方，平滑力度也会小。IDAN 滤波处理结果如图 4.13 所示。

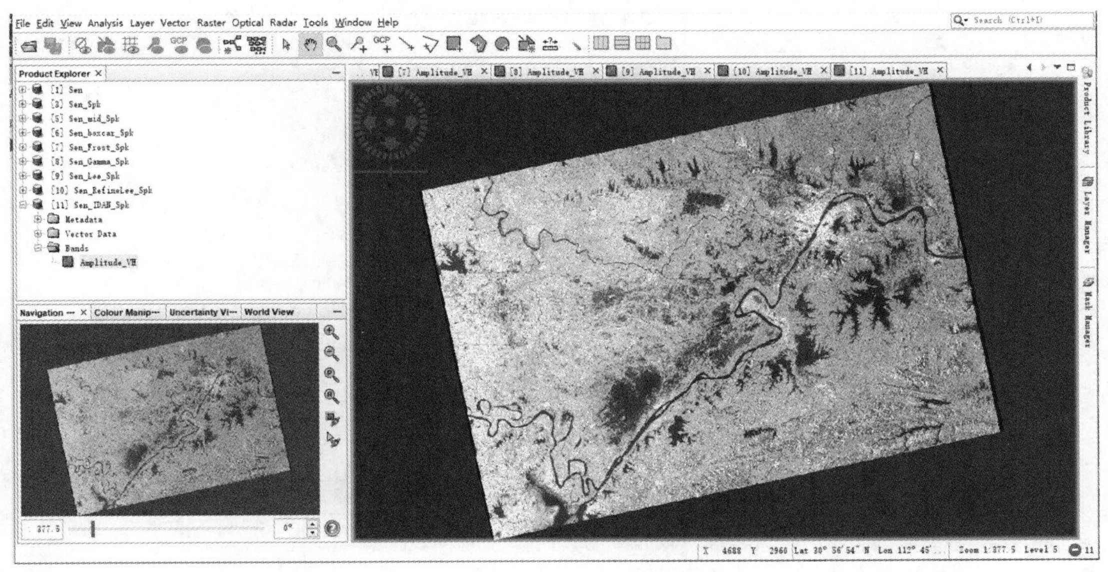

图 4.13 IDAN 滤波处理结果

4.2　利用 ENVI 软件对图像进行裁剪、配准以及融合

4.2.1　图像裁剪

打开去噪后的 Sentinel 数据和 TM 数据，如图 4.14 所示。点击 Display 窗口(图 4.15)中的“File”→“Save Image As”→“Image File”，在出现的窗口中点击“Spatial Subset”，进入“Select Spatial Subset”窗口。在“Select Spatial Subset”窗口中可以选择裁剪框的行、列位置，也可以选择点击“Image”，在“Subset by Image”窗口中选择裁剪框的位置以及宽、高。设置完毕后选择输出图像类型以及输出路径，点击“OK”，输出裁剪后的影像。如图 4.16 所示。

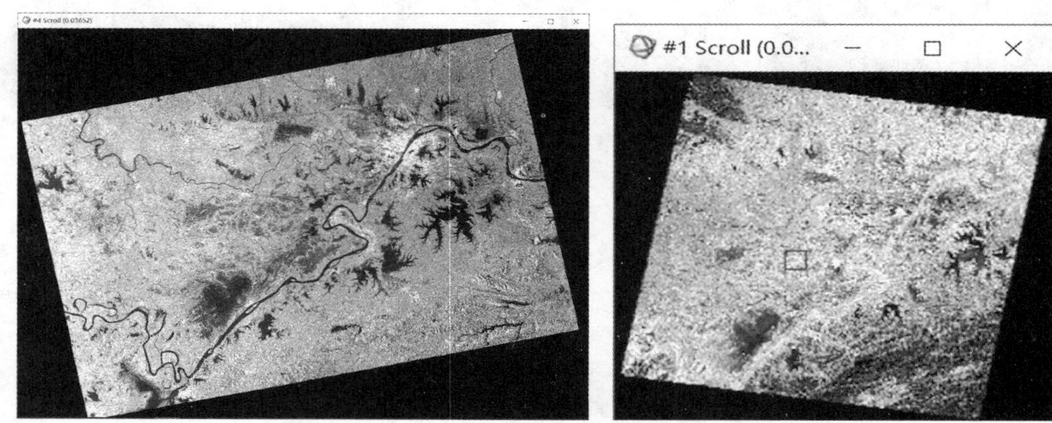

图 4.14　待裁剪数据

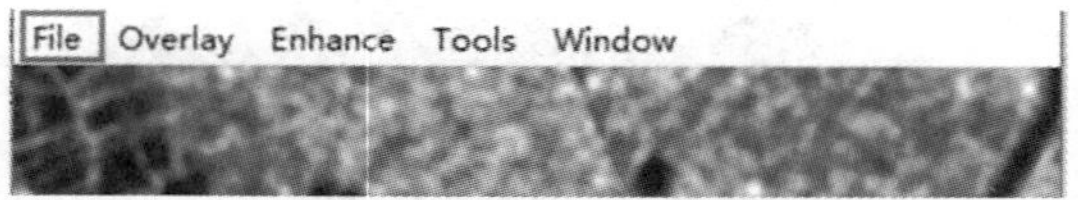

图 4.15　Display 窗口

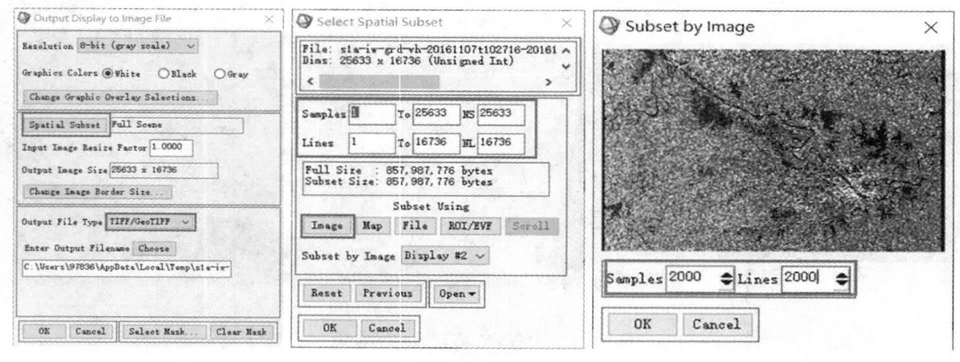

图 4.16　影像裁剪

4.2.2 图像配准

打开并显示裁剪后的图像文件，将 Sentinel 数据和 TM 影像显示在 Display 中。如图 4.17 所示。

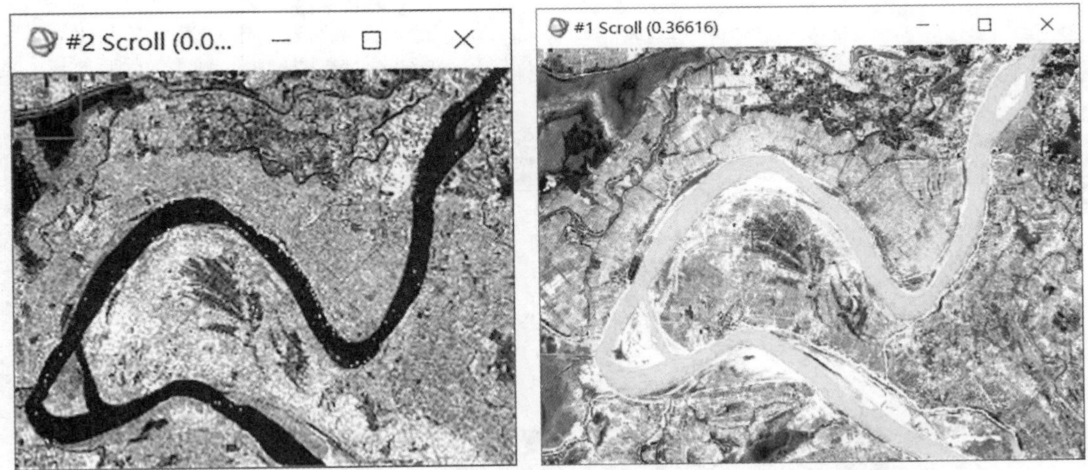

图 4.17 裁剪好的数据

启动图像配准模块，如图 4.18 所示。选择主菜单"Map"→"Registration"→"Select GCPs：Image to Image"，将 Sentinel 数据作为基准影像，TM 文件作为待匹配图像，点击"OK"，进入采集地面控制点。

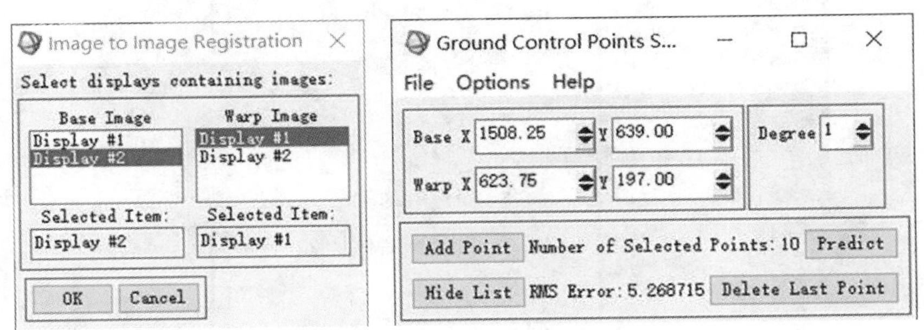

图 4.18 图像配准模块

选择足够的控制点之后，在控制点选取的窗口中选择"Options"→"Warp File"→"TM"→"保存"，即可得到配准后的影像，如图 4.19 所示。

Image to Image GCP List

File　Options

	Base X	Base Y	Warp X	Warp Y	Predict X	Predict Y
#1+	334.00	1637.00	207.00	543.00	213.5342	544.8502
#2+	417.00	2002.00	256.00	671.00	245.2130	672.3743
#3+	2595.00	252.00	1005.00	59.00	1006.0579	59.6803
#4+	886.00	1908.00	403.00	641.00	407.9171	640.3647
#5+	2675.50	1592.50	1032.38	530.75	1031.9781	532.2049
#6+	2709.00	1539.25	1045.25	513.25	1043.8061	513.4702
#7+	767.00	335.00	360.00	88.00	357.2214	90.2050
#8+	2050.25	388.50	812.33	108.67	812.6367	108.1211
#9+	1084.75	1264.50	469.00	421.33	474.2219	415.4102

Goto　On/Off　Delete　Update　Hide List

图 4.19　控制点选择

打开配准后的影像(图 4.20)，在“Display”页面查看。

图 4.20　配准后的 TM 影像

4.2.3　图像融合

打开 Sentinel 数据以及配准好的 TM 影像，如图 4.21 所示。

在 ENVI 主菜单中选择“Transform”→“Image Sharpening”，选择融合的方法，对图像进行融合。

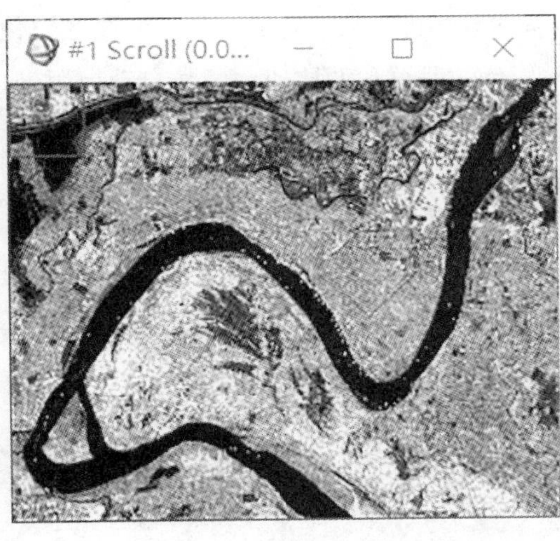

(a)Sentinel 数据

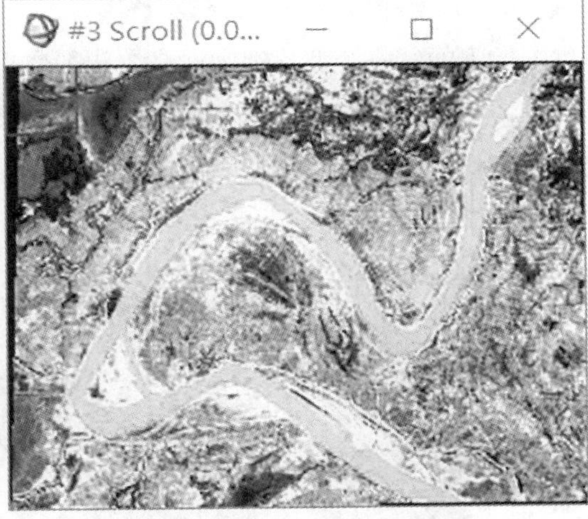

(b)配准好的 TM 影像

图 4.21 待融合影像

(1)HSV 融合。HSV 融合方法属于一种颜色变换的融合方法。首先介绍一下 HSV 颜色变换。HSV 颜色变换是把标准的 RGB 图像变换到为色度 H(Hue)、饱和度 S(Saturation)和亮度 V(Value)的图像。HSV 融合方法流程是对多光谱影像 3 个波段使用 HSV 颜色正变换为 H、S 和 V 三幅图像，然后用高分辨率影像替代 H 图像，最后对 H、S 和 V 图像实施 HSV 颜色变换的逆变换得到融合影像。如图 4.22 所示。

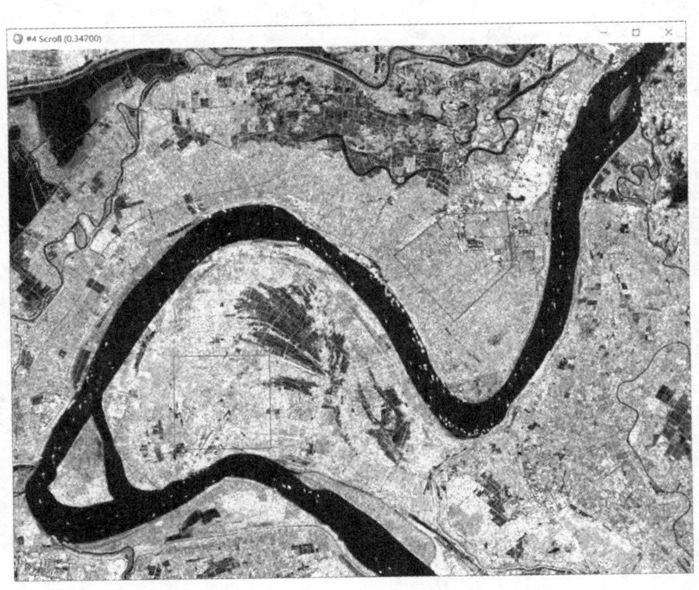

图 4.22 HSV 融合结果

(2)Brovey 融合。该方法对彩色图像和高分辨率数据进行数学合成，从而使图像锐化。彩色图像中的每一个波段都乘以高分辨率数据与彩色波段总和的比值。函数自动地用最近邻、双线性或三次卷积技术将 3 个彩色波段重采样到高分辨率像元尺寸。输出的 RGB 图像的像元将与高分辨率数据的像元大小相同。如图 4.23 所示。

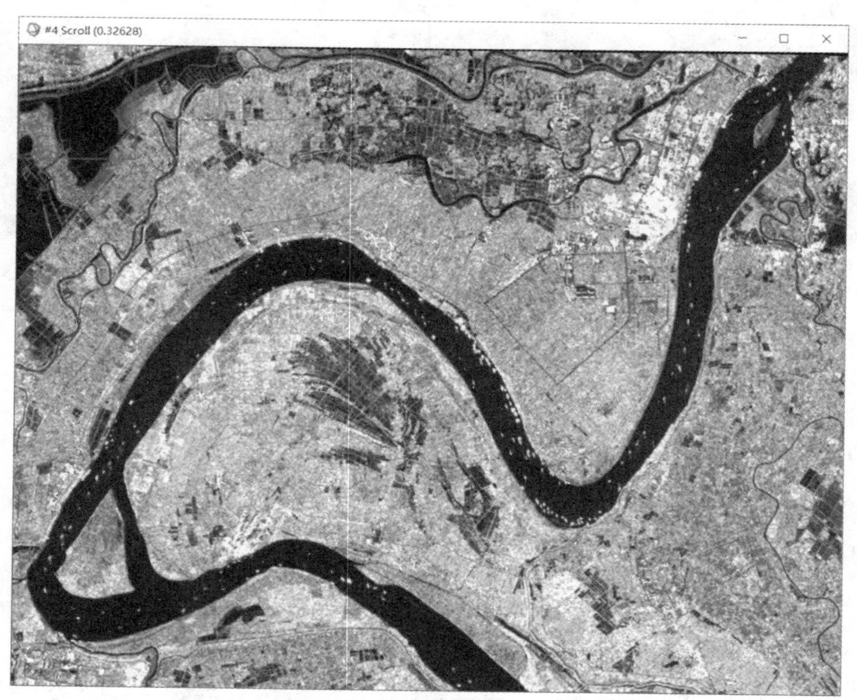

图 4.23　Brovey 融合结果

(3)Gram-Schmidt Spectral Sharpening 融合。Gram-Schmidt 可以对具有高分辨率的高光谱数据进行锐化。第一步，从低分辨率的波谱波段中模拟出一个全色波段。第二步，对该全色波段和波谱波段进行 Gram-Schmidt 变换，其中模拟的全色波段被作为第一个波段。第三步，用 Gram-Schmidt 变换后的第一个波段替换高空间分辨率的全色波段。第四步，应用 Gram-Schmidt 反变换构成全色锐化后的波谱波段。如图 4.24 所示。

(4)PC Spectral Sharpening 融合。用 PC 可以对具有高空间分辨率的光谱图像进行锐化。第一步，先对多光谱数据进行主成分变换。第二步，用高分辨率波段替换第一主成分波段，在此之前，高分辨率波段已被缩放匹配到第一主成分波段，从而避免波谱信息失真。第三步，进行主成分逆变换。函数自动地用最近邻、双线性或三次卷积技术将多光谱数据重采样到高分辨率像元尺寸。如图 4.25 所示。

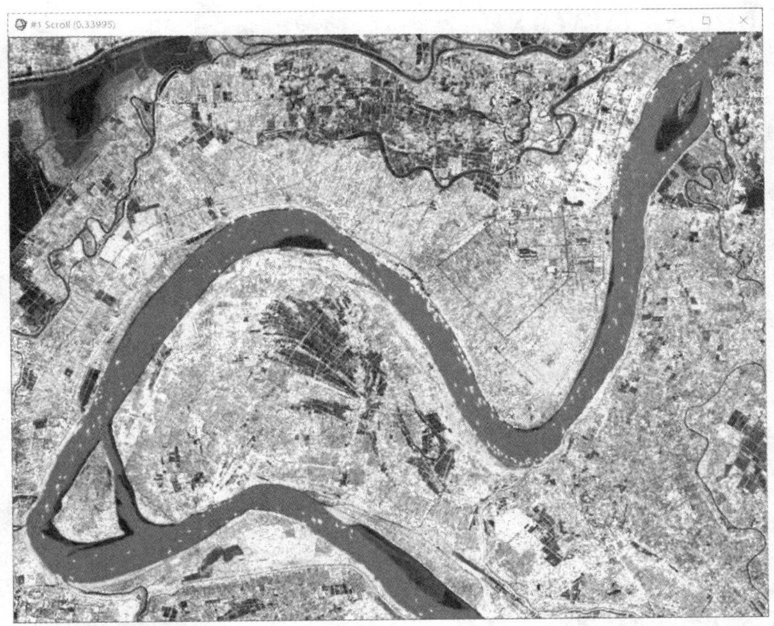

图 4.24 Gram-Schmidt Spectral Sharpening 融合结果

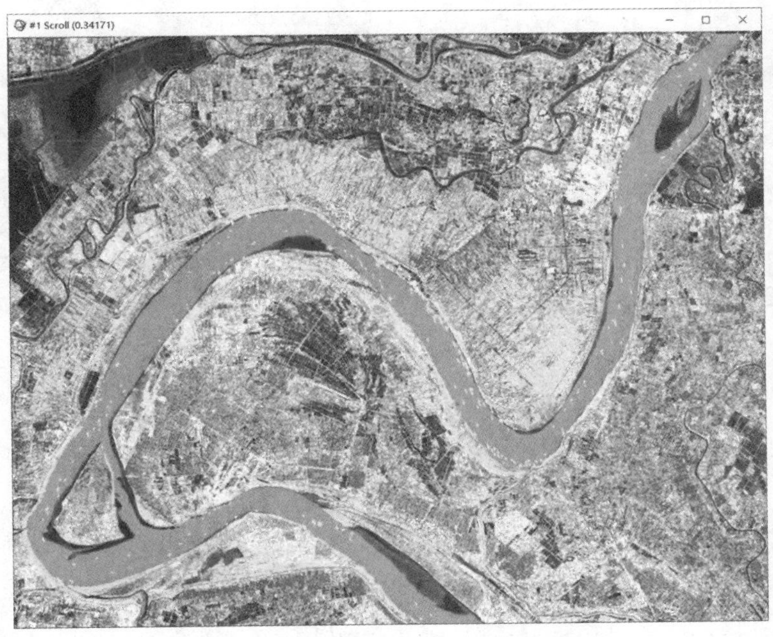

图 4.25 PC Spectral Sharpening 融合结果

4.3　利用 ERDAS IMAGINE 软件对图像进行配准、融合

4.3.1　图像配准

打开待配准的影像，然后选择“Transform & Orthocorrect”中的“Controls Points”，也可以直接在主菜单“Help”中搜索“geometric correction”。在设置几何模型(Set Geometric Model)页面选择多项式(Polynomial)配准，如图 4.26 所示。

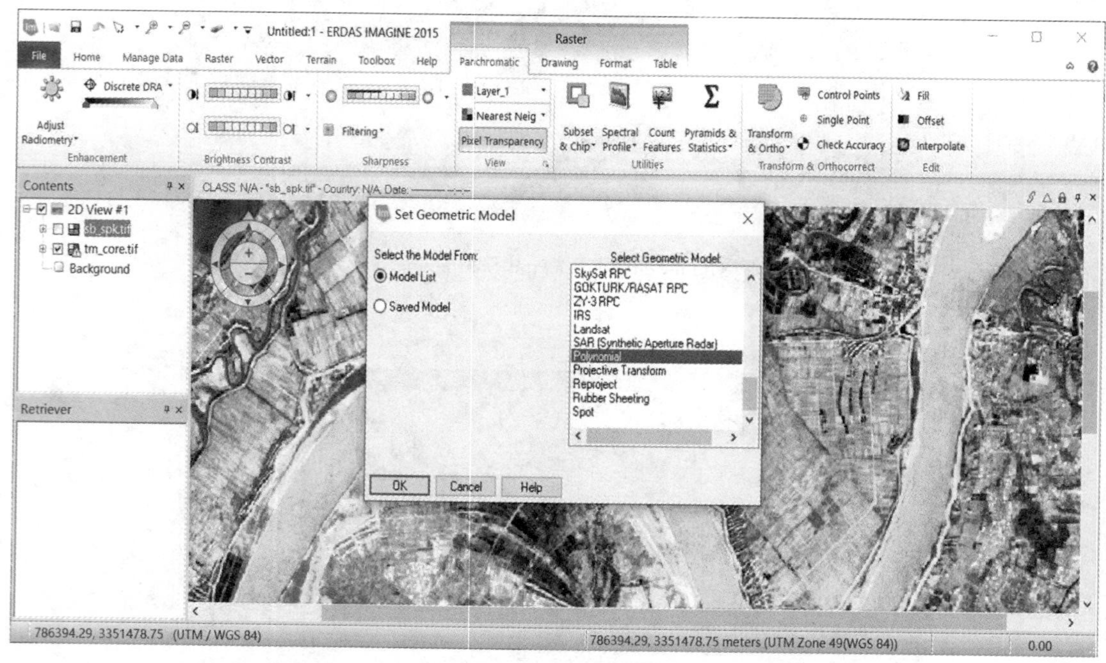

图 4.26　多项式配准页面

选择“Image Layer”(New Viewer)，点击“OK”，设置地图投影信息，选择二次多项式配准。如图 4.27～图 4.29 所示。

对待配准影像进行添加控制点操作。在待配准影像和基准影像上找到相同的地物目标点，然后点击图 4.30 中框里的图标，控制点便会被添加到最下面的控制点列表中。

点击下面的框中图标(图 4.31)，在出现的界面中选择方法，保存文件，得到配准后的影像，如图 4.32 所示。

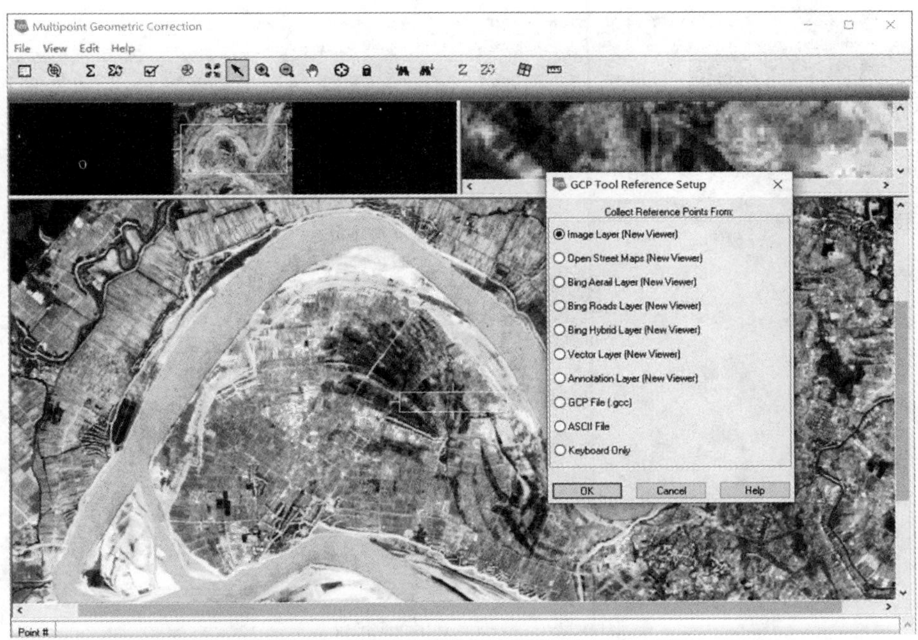

图 4.27　控制点参考设置

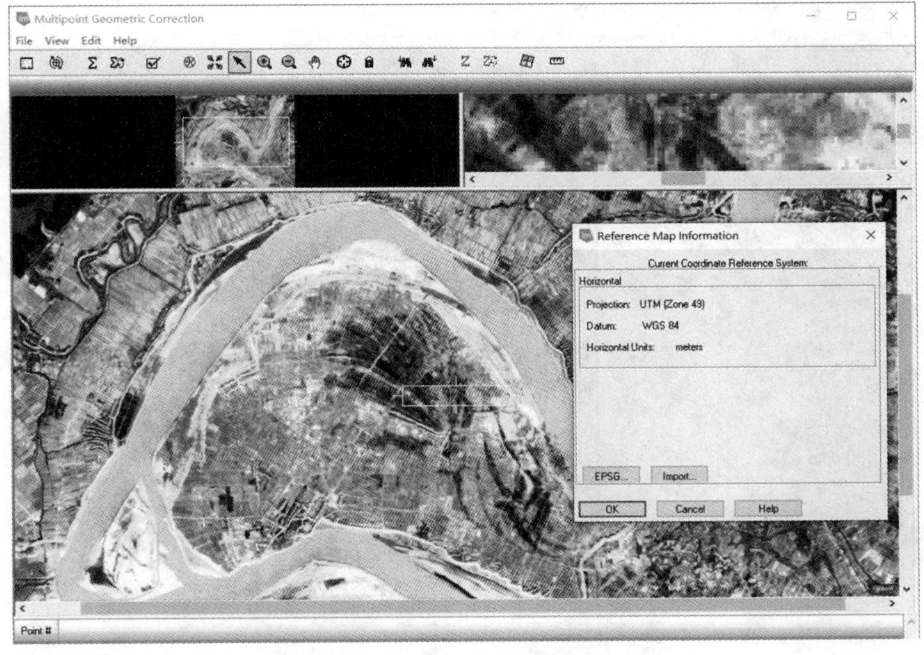

图 4.28　地图投影信息设置

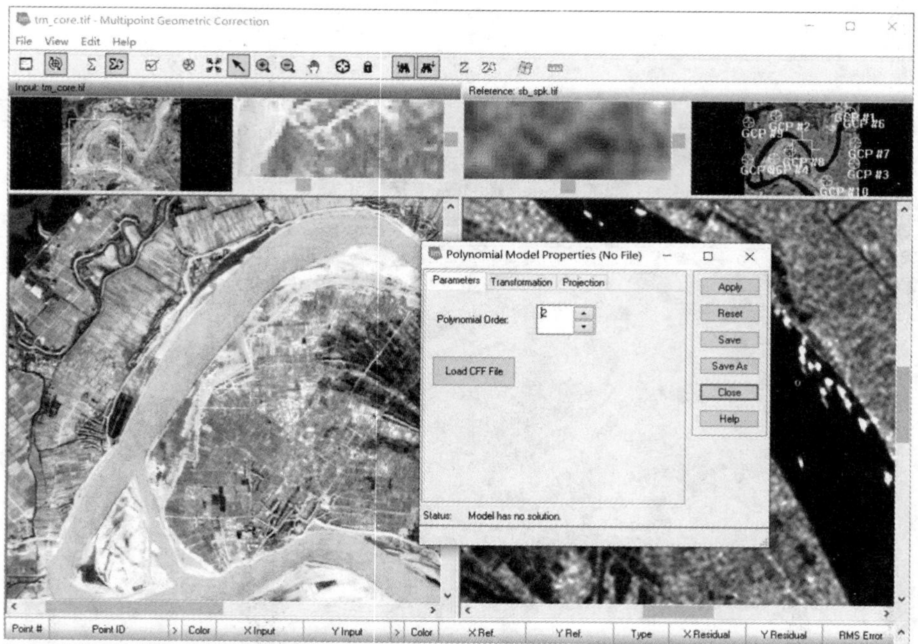

图 4.29　多项式配准项数设置

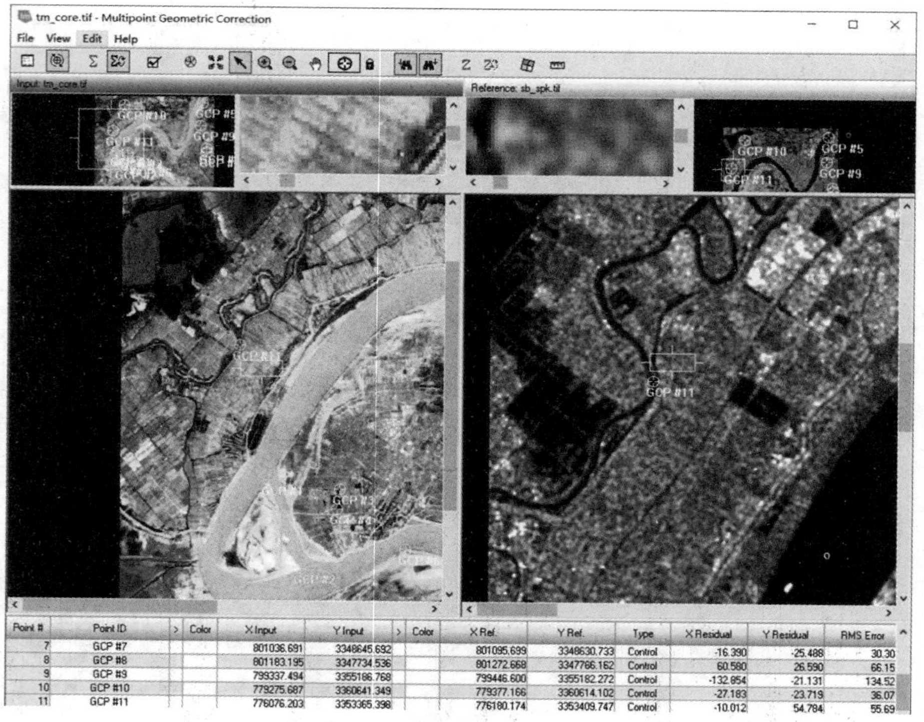

图 4.30　添加控制点

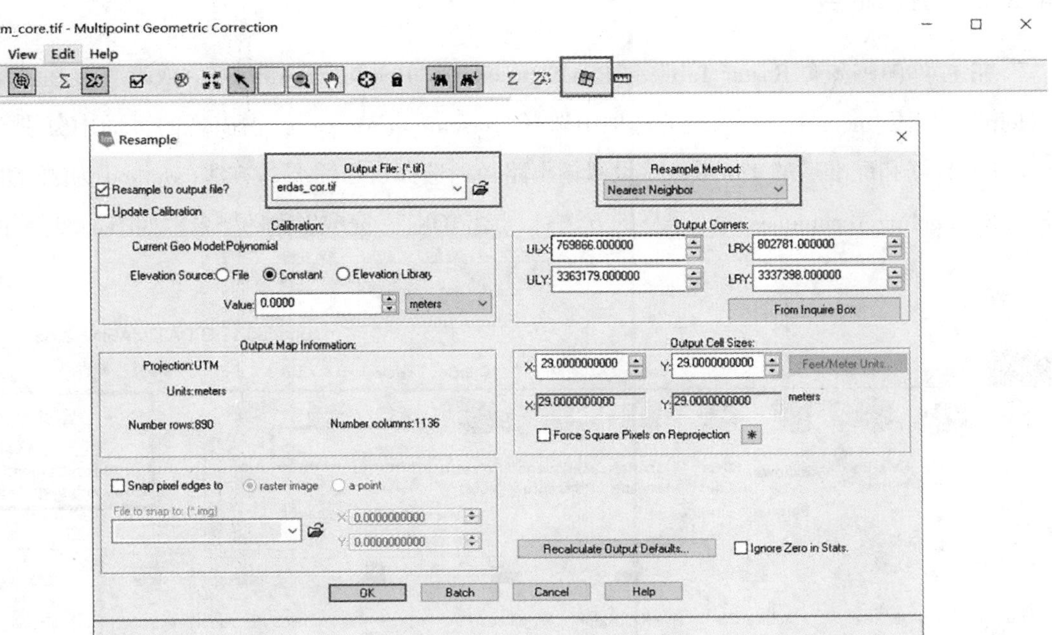

图 4.31 输出设置

图 4.32 配准后的影像

4.3.2　图像融合

在主菜单中选择“Raster Tab”→“Pan Sharpen”→“Resolution Merge”，或者直接在主菜单“Help”中搜索“merge”，在出现的选项中选择“Resolution Merge”，在出现的页面中分别选择Sentinel 数据和配准后的 TM 影像，设置输出路径，选择自己需要的方法(Method 为融合的方法，Resampling Techniques 为重采样的方法)，点击“OK”，完成影像的融合。如图 4.33 所示。

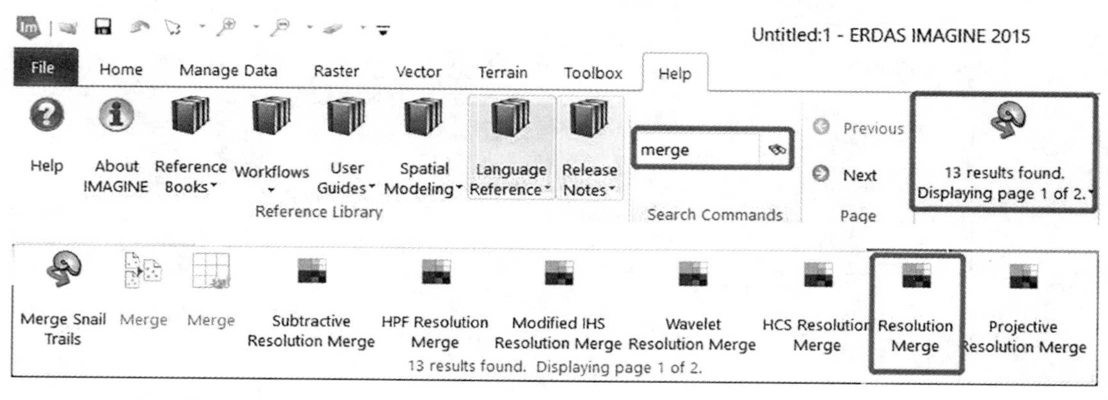

(a)

(b)

图 4.33　融合方法设置

下面介绍不同融合方法的融合效果。

(1) Principal Component，即主成分融合，是将 N 个波段的低分辨率图像进行主成分变换，将单波段的高分辨率图像经过灰度拉伸，使其灰度的均匀值与方差同主成分变换的第一分量图像一致，然后以拉伸过的高分辨率图像代替第一分量图像，经过主成分逆变换还原到原始空间。如图 4.34 所示。

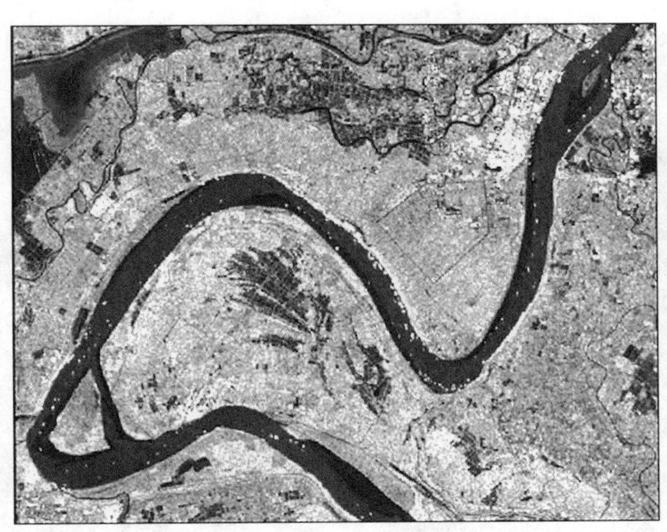

图 4.34 Principal Component 融合结果

(2) Mutiplicative，即乘积变换融合，是一种简单的融合算法，其原理是直接将不同空间分辨率影像上对应的像素灰度值进行乘积运算，从而获得新的影像对应像素灰度值。该算法能够在保留多光谱信息的前提下，较大程度地提高影像的空间分辨率。如图 4.35 所示。

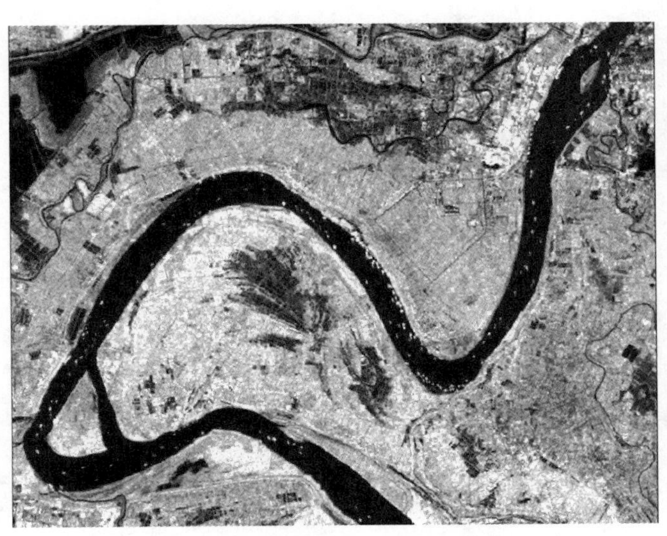

图 4.35 Mutiplicative 融合结果

(3) Brovey Transform，即比值变换融合，该方法对彩色图像和高分辨率数据进行数学合成，从而使图像锐化。彩色图像中的每一个波段都乘以高分辨率数据与彩色波段总和的比值。函数自动地用最近邻、双线性或三次卷积技术将 3 个彩色波段重采样到高分辨率像元尺寸。输出的 RGB 图像的像元将与高分辨率数据的像元大小相同。如图 4.36 所示。

图 4.36　Brovey Transform 融合结果

第5章　雷达图像解译

5.1　雷达图像目视解译

雷达作为一种有源主动式工作的侧视成像系统，图像上所表现出的色调、纹理、形状、阴影等特点与光学影像存在较大的差异，由于其特殊的成像机理和几何特性，对光学影像某些难以表现的地物要素显示出其特有的优势。了解雷达图像的信息特点和地物目标的散射特性，有助于区分不同的地物目标类型，对典型图像进行分析比对，可有效提高雷达图像地物目标的目视解译效果。

5.2　影像裁剪

影像选用的是武汉地区的 Sentinel-1 数据，由于 Sentinel-1 影像数据量过大，进行图像解译的时候进行裁剪，可获得典型解译地物的区域，能有效地节约时间和减少工作量。

5.2.1　数据准备

打开导入的 VH 极化 Sentinel 数据。

操作步骤：点击“SARscape”→“Import Data”→“SAR Spaceborne”→“Sentinel-1”，打开 Sentinel 数据导入面板，在数据“Input File List”面板上，输入需导入的 Sentinel-1 数据，下面的轨道文件不用输入。如图 5.1 所示。

5.2.2　新建矢量图层

在 ENVI 界面下，选择“File”→“NEW”→“Vector Layer”，在新建图层界面选择 Sentinel-1 数据，如图 5.2 所示。

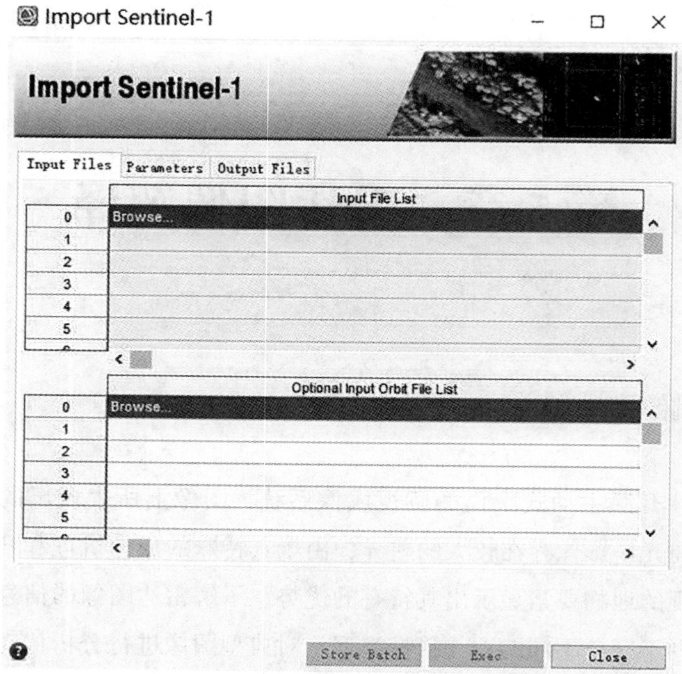

图 5.1　导入数据

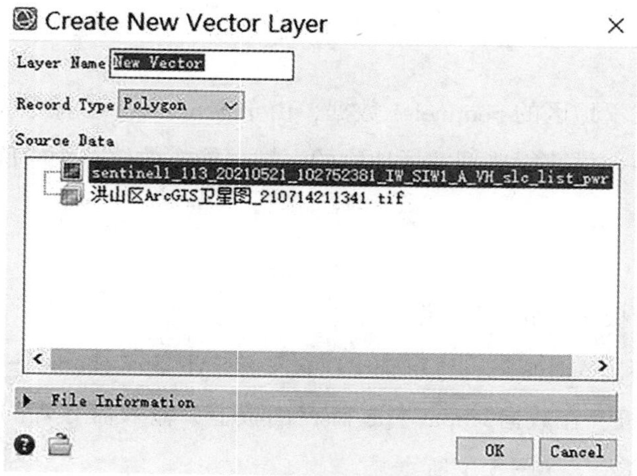

图 5.2　新建矢量图层

创建完成后，在 ENVI 界面上方点击“Vectors”→“Create Vectors”，选择包含各种典型地物的区域，如图 5.3 所示。点击右键保存，选择输出路径并保存为 shp 文件，如图 5.4 所示。

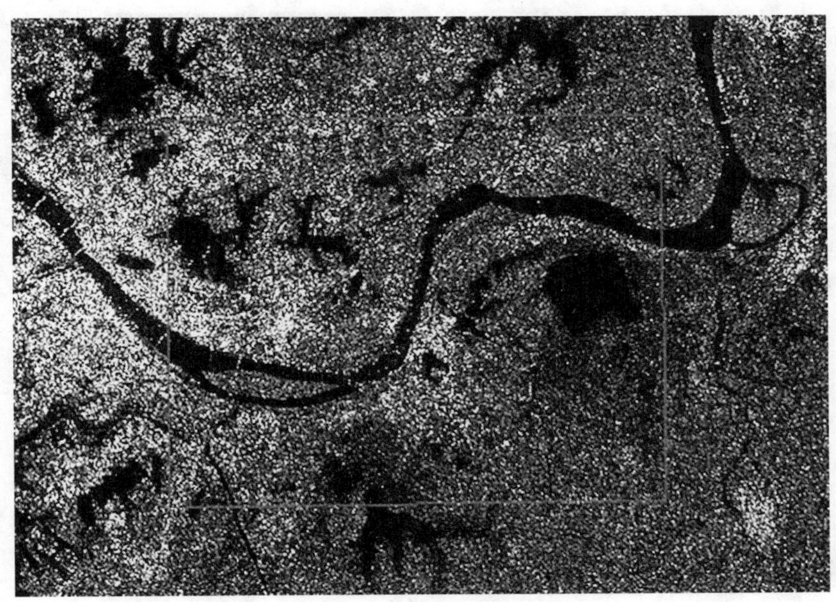

图 5.3 区域选择

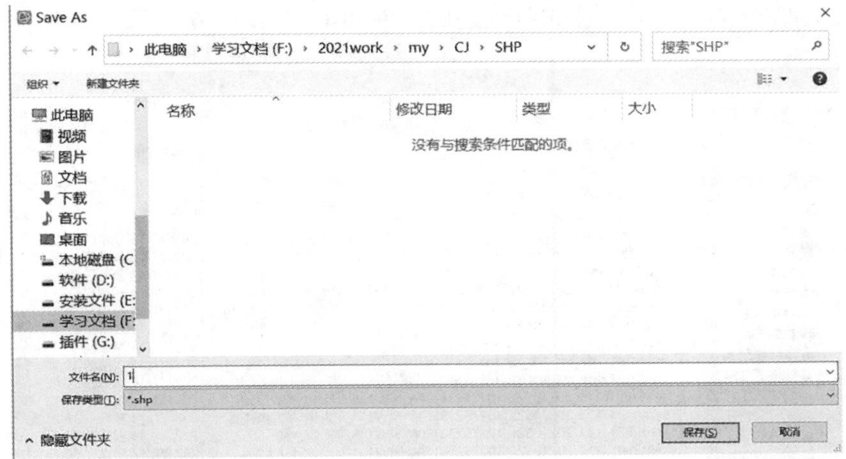

图 5.4 保存矢量文件

5.2.3 裁剪 SAR 数据

操作步骤：点击"SARscape"→"General Tools"→"Sample Selections"→"Sample Selection SAR Geometry Data"，进入样本选择界面，如图 5.5 所示。

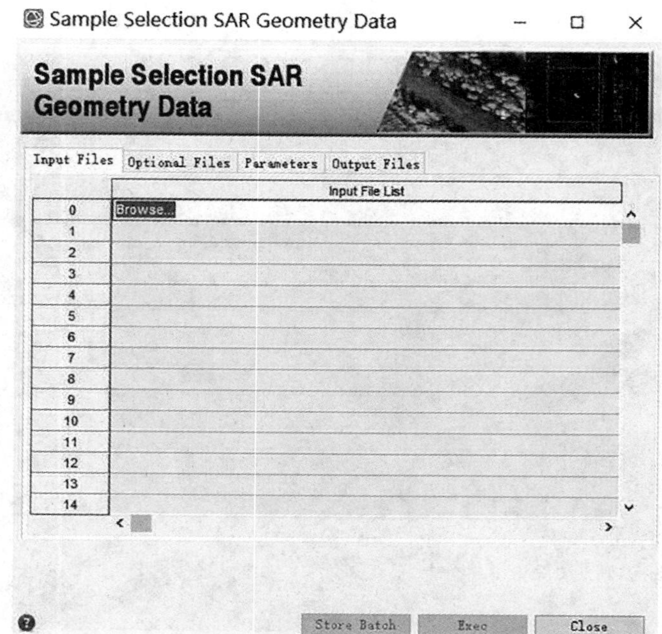

图 5.5　样本选择界面

在输入文件(Input Files)项中选择处理的文件_list，如图 5.6 所示。

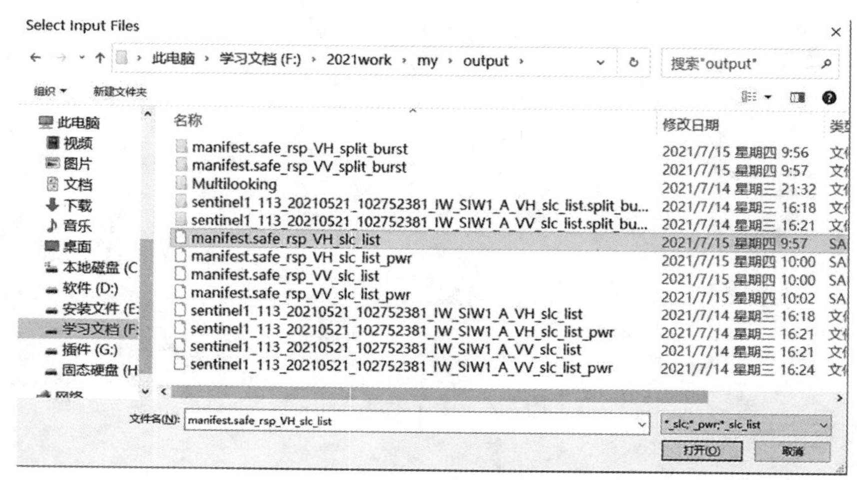

图 5.6　输入文件

在任选文件(Optional Files)项中，矢量文件(Vector File)选择前面画好的矢量图层，输出参考文件(Input Reference File)选择对应数据的_pwr 多视文件，如图 5.7 所示。

参数设置(Parameters)项，由于不是地理坐标系裁剪，所以选择“False”，常用属性设置为“cut”，如图 5.8 所示。

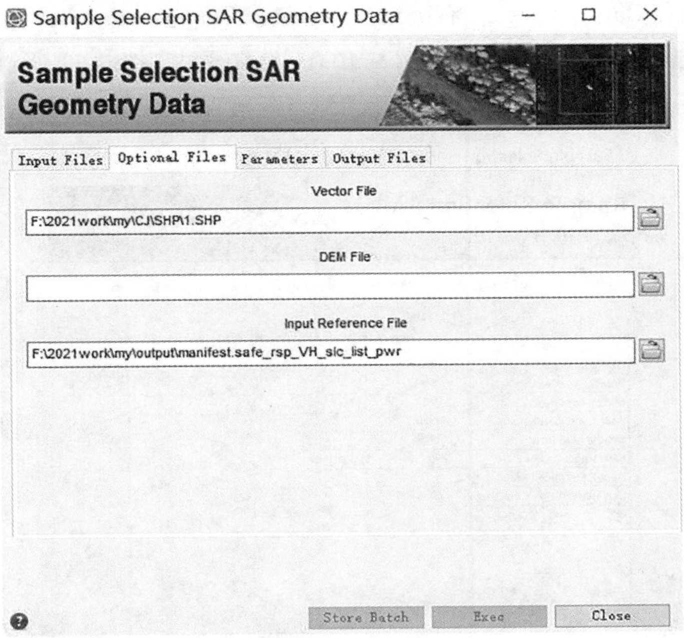

图 5.7 选择矢量文件

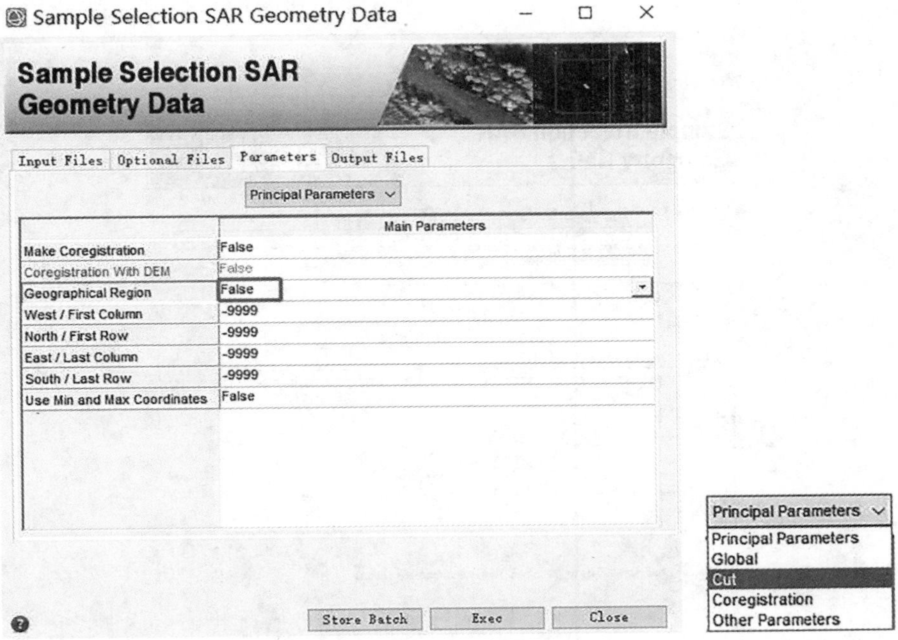

图 5.8 参数设置

由于 Sentinel 数据是小图片存储，如果一个小图的裁剪面积<20%就不会进行裁剪，为了保证能够有效裁剪，所以框中可以设为 1，如图 5.9 所示。

选择导出路径(Output Files)，右键选择"Change Output Directories"，可以更改到自己想要输出的路径，路径要保证为英文(图 5.10)，裁剪结果如图 5.11 所示。

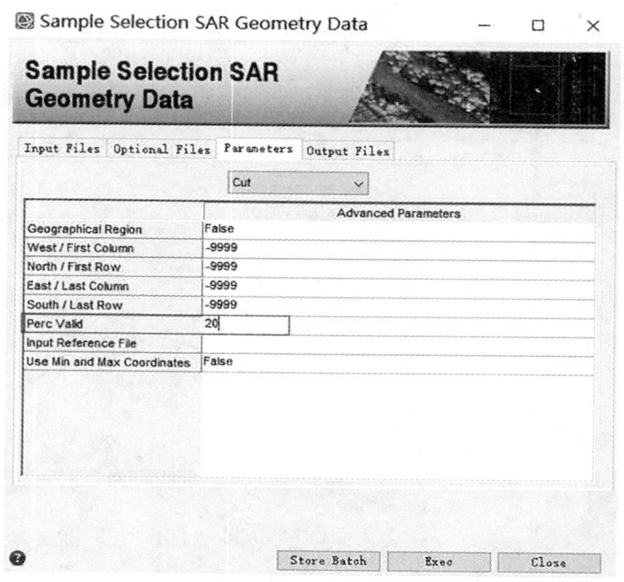

图 5.9　参数设置

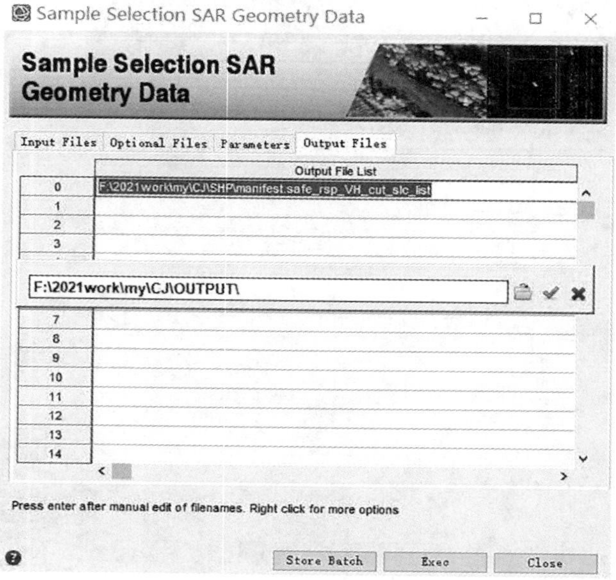

图 5.10　裁剪输出

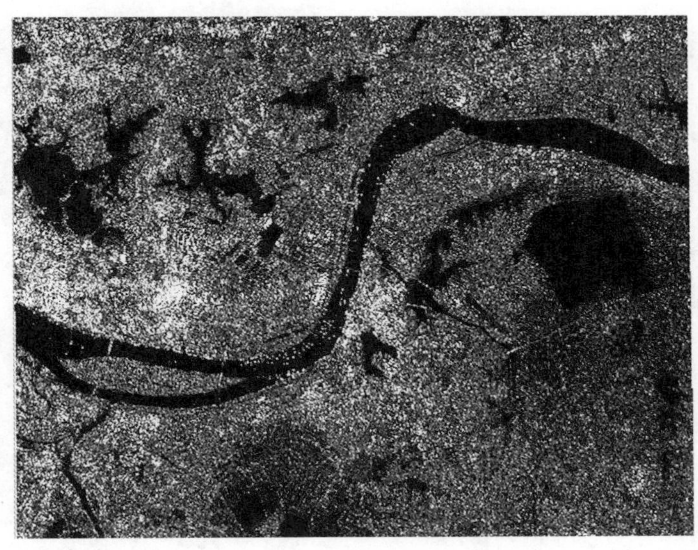

图 5.11 裁剪结果

5.3 滤波处理

从 SAR 传感器中获取的图像具有斑点噪声，滤波处理可以在考虑细节特征的条件下对目标图像的噪声进行抑制。

操作步骤：点击“Toolbox”→“SARscape”→“Basic”→“Intensity Processing”→“Filtering”→“Filtering Single Image”。

打开“Filtering Single Image”面板(图 5.12)：

(1)数据输入(Input Files)项，单击“Brower”按钮，选择前面得到的 Sentinel-1 数据多视处理结果。

(2)参数(Parameters)设置项，主要参数(Principal Parameters)设置为：

①滤波方法(Filter Method)：Frost，有 8 种滤波方法可供选择；

②方位向窗口大小(Azimuth Window Size)：9；

③距离向窗口大小(Range Window Size)：9。

说明：窗口设置越大，滤波效果越平滑，需要的时间越长。

(3)数据输出(Output Files)项，输出路径和文件名按照默认，自动添加了_fil 的后缀。

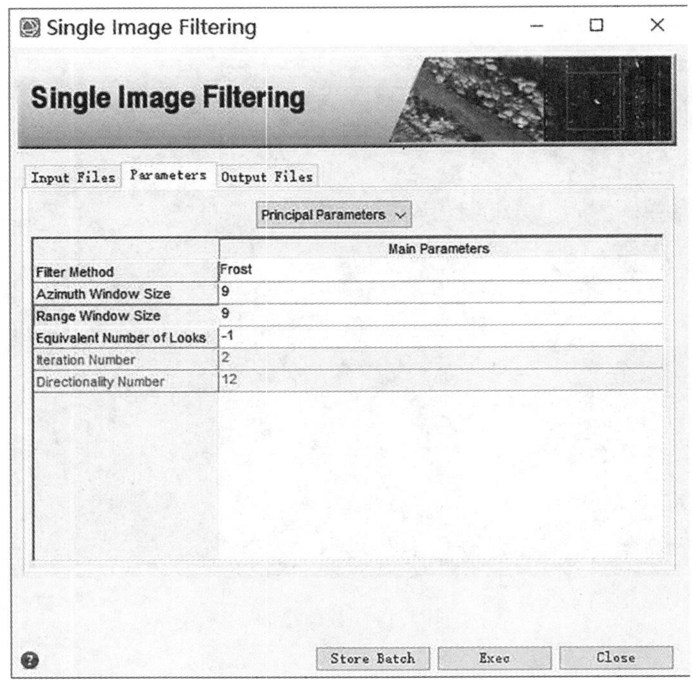

图 5. 12 “Filtering Single Image”面板

滤波处理后结果如图 5. 13 所示。

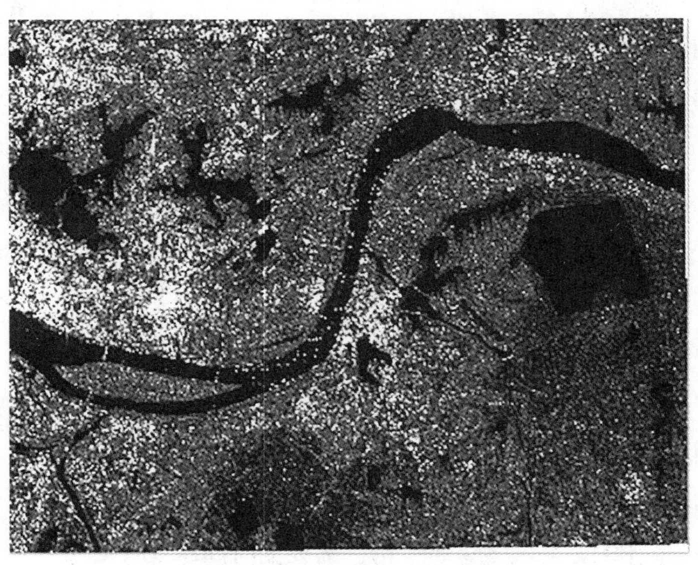

图 5. 13 滤波处理后结果

5.4 地理编码与辐射定标

为了更好地将 SAR 图像解译结果与谷歌影像进行对比，需要将 SAR 数据从斜距或地距投影转换为地理坐标投影。

操作步骤：点击“Toolbox”→“SARscape”→“Basic”→“Intensity Processing”→“Geocoding”→“Geocoding and Radiometric Calibration”，打开“Geocoding and Radiometric Calibration”面板(图 5.14)：

(1)数据输入(Input Files)项，选择前面经过多视、滤波处理的结果：sentinel1_113_20210521_102752381_IW_SIW1_A_VH_cut_slc_list_pwr_fil。

(2)可选文件(Optional Files)项，Geometry GCP File 和 Area File 这两个文件是可选项，这里不使用这两个文件。

(3)投影参数(DEM/Cartographic System)项，这里可不用输入 DEM 文件，由于谷歌参考图像用的是 WGS-84 投影坐标系，所以设置 Output Projection，输入全球经纬度投影信息与 WGS-84 投影坐标系，如图 5.14 所示。

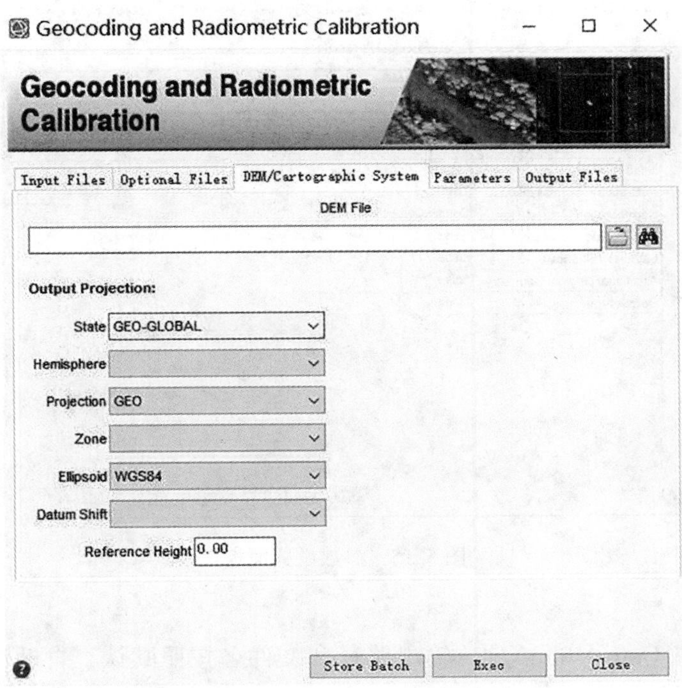

图 5.14 Geocoding and Radiometric Calibration 面板

(4)参数设置(Parameters)项(图 5. 15)，主要参数(Principal Parameters)设置如下：

①像元大小(X Grid Size)：15；

②像元大小(Y Grid Size)：15；

③辐射定标(Radiometric Calibration)：Ture；

④散射面积(Scattering Area)：Local Incidence Angle；

⑤辐射归一化(Radiometric Normalization)：Ture；

⑥辐射归一化方法(Normalization Method)：Consine Correction；

⑦局部入射角校正(Local Incidence Angle)：False；

⑧叠掩/阴影处理(Layover/Shadow)：False；

⑨生成原始几何(Additional Original Geometry)：False；

⑩输出类型(Output type)：Linear。

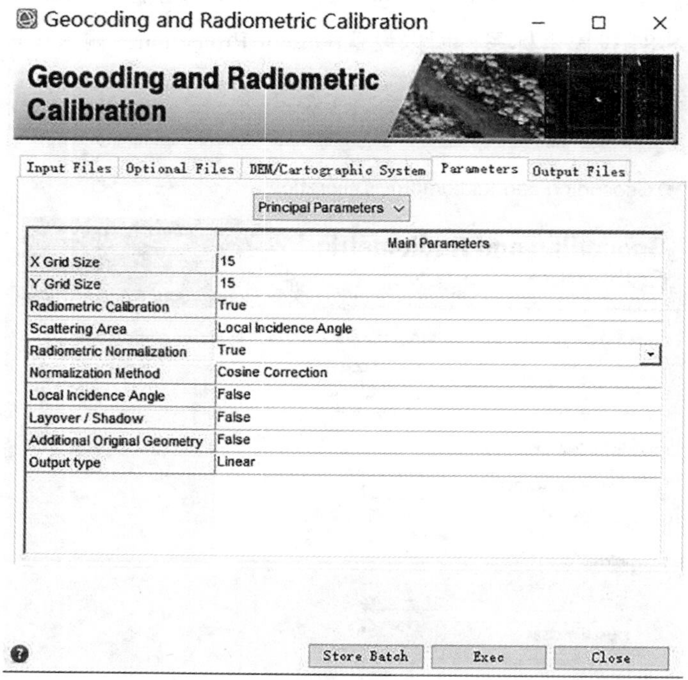

图 5. 15 参数设置面板

(5)数据输出(Output files)项，输出路径和文件名按照默认，自动添加了_geo后缀。地理编码与辐射定标处理后的结果如图 5. 16 所示。

图 5.16　地理编码与辐射定标结果图

5.5　典型地物目视解译

5.5.1　建筑物

城镇居民地建筑物的排列和格局比较规整，房屋、围墙建筑形成一定的角反射器效应，一般在图像上的后向散射回波较强，通常在图像上集聚成一片亮点群。如图 5.17、图 5.18 所示。

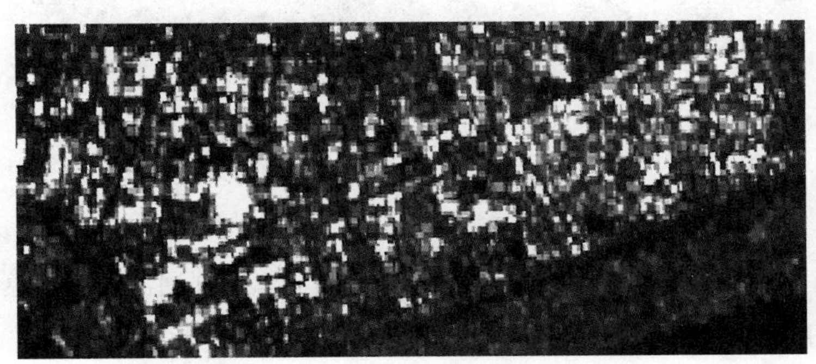

图 5.17　武汉江北建筑物群雷达图像

图 5.18　武汉江北建筑物群谷歌图像

5.5.2　道路

道路由于其材质、表面粗糙度的不同而有着不同的表现，通常来说，水泥、沥青路呈现暗色，碎石路则由于表面粗糙呈现中等亮度。如图 5.19、图 5.20 所示。

图 5.19　武汉江北快速路雷达图像

图 5.20　武汉江北快速路谷歌图像

5.5.3　桥梁

桥梁由于有护栏、桥墩，容易产生角反射器效应，形成强回波，在暗色调的河流背景下非常明显。雷达图像上桥梁显示为亮实线。如图 5.21、图 5.22 所示。

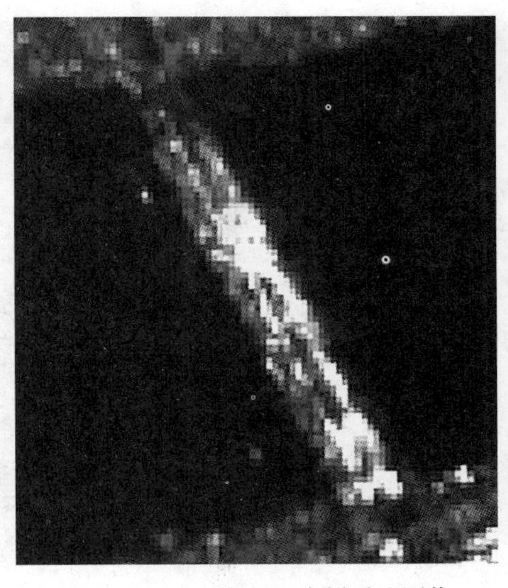

图 5.21 天兴洲长江大桥雷达图像

图 5.22 天兴洲长江大桥谷歌图像

5.5.4 水体

雷达波对水体比较敏感，平静的水面可产生镜面反射，在图像上表现为深色调。如图 5.23、图 5.24 所示。

图 5.23 涨渡湖雷达图像

图 5.24 涨渡湖谷歌图像

当水面有波浪时，则由于这种形式的粗糙度，在雷达图像上出现明暗相间的色调变化。如图 5.25、图 5.26 所示。

图 5.25　长江局部雷达图像

图 5.26　长江局部谷歌图像

5.5.5　植被

植被在雷达图像上的显示比较多样，含水量、密度、结构、位置、种类以及雷达波束的方向等都会对植被的显示产生影响。通常来说，树林、灌木林等高大植物主要以体散射为主，在图像上表现为粗颗粒状。如图 5.27、图 5.28 所示。

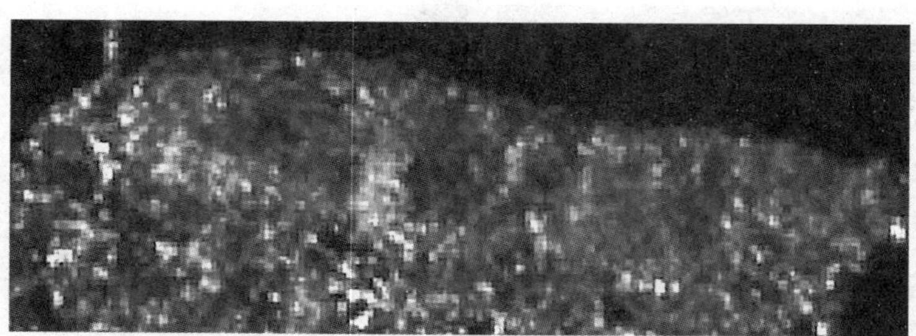

图 5.27　磨山景区雷达图像

图 5.28　磨山景区谷歌图像

5.5.6 农田

农田多为较矮的植物，表面较平滑，在图像上的颜色表现较深。如图 5.29 所示。

图 5.29 黄陂区某一庄园农田雷达图像与谷歌图像对比

5.5.7 整体解译

下面以图 5.30 为例，对其进行整体解译。

图 5.30 武汉地区 SAR 影像图

1. 发现目标

由色调可以明显看出，图像左边大部分、中间小块、右下角中间高亮度部分为一类地物；左下角、中间暗色调部分为一类地物；上方中间、右上角靠下部分为一类地物；右上角、下方中间为一类地物。

2. 描述目标

第一类地物位于图像左边大部分、中间小块、右下角中间区域，色调比较鲜亮，形状不太规则，中间有各种黑色线条。

第二类地物位于图像左下角、中间区域，呈现大面积暗色调。

第三类地物位于图像上方中间、右上角靠下区域，色调灰暗，较为平滑，相较第二类地物颜色稍浅。

第四类地物位于图像右上角、下方中间区域，色调灰暗，相较第三类地物色调稍浅、第一类地物色调稍深，表现为粗颗粒状。

3. 识别目标

第一类地物亮度高、形状规则，有明显的直线痕迹，边缘有阴影，可以判断为建筑物，而分布在这些建筑物中间较长的暗色线条则可以判断为道路。

第二类地物中左下角和右边大面积暗色调区域可以看出是镜面反射，颜色单一、平滑可以判断为湖泊，贯穿中间的大面积暗色调区域伴随细微的颜色变化且略微粗糙可以判断为河流，贯穿河流的亮色区域在河流背景下显得非常明显，可以判断为桥梁。

第三类地物色调灰暗，较为平滑，分布规则，有明显的边界，且范围内为小面积均匀分布，可以判断为农田。

第四类地物色调灰暗，表现为粗颗粒状，且灰暗与粗糙程度变化明显，由于植被含水量、密度、结构、位置、种类以及雷达波束的方向等都会对其显示产生影响，可以将第四类地物判断为植被。

第6章　合成孔径雷达干涉测量

利用具有两副天线同时观测或同一副天线两次观测来获取同一地区具有相干性的复图像对，然后通过干涉处理两幅 SAR 影像，得到干涉相位，最后通过传感器、波束视向及基线之间的几何关系即可求得地面目标的高程。

6.1　DEM 的获取

InSAR 技术可以得到地表的高程信息，因此 InSAR 技术可以被用来获取 DEM 数据。本小节将介绍 InSAR 技术获取地表高程信息的原理，并以 SARscape 为例介绍获取 DEM 的具体操作步骤。

6.1.1　InSAR 基本原理

InSAR 技术是利用具有干涉能力的两副天线同时观测或利用同一副天线两次平行观测来获取同一地区具有相干性的复图像，然后通过干涉处理两幅 SAR 影像，得到干涉相位，最后通过传感器、波束视向及基线之间的几何关系求得地面目标的高程。

如图 6.1 所示，对地面点 P 进行观测，h 表示地面点 P 的高程；A_1、A_2 表示两副天线的位置；R 表示地面目标到传感器的距离；B 表示两副天线间的距离，即基线距；L 为平台的高度；θ 表示传感器 A_1 的参考视角；α 表示基线与水平方向的夹角。

天线所接收的地面目标的回波信号由往返路径确定的相位和不同的散射特性造成的随机相位组成，即

$$\varphi = -\frac{4\pi}{\lambda}R + \sigma \tag{6.1}$$

式(6.1)中，σ 为地面目标的散射相位，在观测时，若地面目标的散射特性不变，则两副天线间的相位差就仅与路径差有关，即

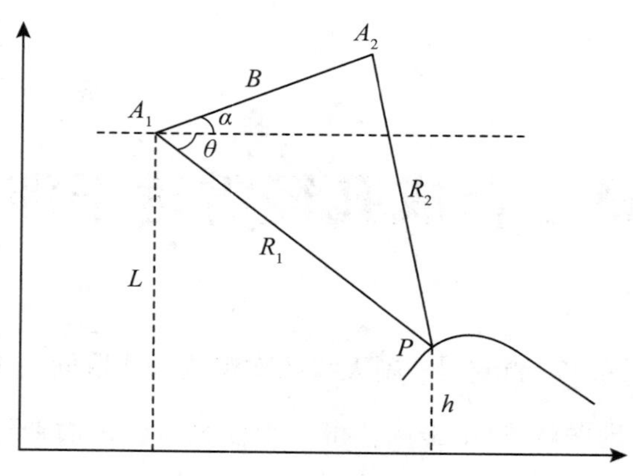

图 6.1　InSAR 测高原理

$$\varphi = -\frac{4\pi}{\lambda}\Delta R \tag{6.2}$$

将基线沿着入射方向和垂直于入射方向进行分解，可以得到垂直基线斜距 B_v 和平行基线斜距 B_t：

$$B_v = B\cos(\theta - \alpha),\quad B_t = B\sin(\theta - \alpha) \tag{6.3}$$

由于基线距 B 远小于地面目标到传感器的距离 R，因此可将路径差近似为基线 B 在 R_1 方向上的投影分量(平行基线斜距)，即 $\Delta R = B_t$，则式(6.2)可写为：

$$\varphi = -\frac{4\pi}{\lambda}B\sin(\theta - \alpha) \tag{6.4}$$

在参考面为平地的假设条件下，根据几何关系可以得到地表高程 h。其中，L 可以由轨道数据推算而来，R_1 可以通过 SAR 影像的头文件获取，θ 则可以通过式(6.4)由干涉相位 φ 推算出来。

$$h = L - R_1\cos\theta \tag{6.5}$$

因此，InSAR 技术获取 DEM 数据的本质就是利用同一地区的影像对获取干涉相位，通过干涉相位与轨道姿态数据的几何关系，得到高程信息，重建地表高程。

6.1.2　具体操作步骤

以两景 Sentinel-1A 数据为例，介绍获取 DEM 数据的详细步骤。数据的详细信息见表 6.1。

表 6.1　　数据信息

数据名称	Sentinel-1A IW SLC 像对
成像时间	2021-4-28、2021-5-10
极化方式	VV 极化
入射角	39.35°
飞行方向	Descending 降轨
成像区域	大理漾濞
影像范围	100km×100km
像元大小	15m×15m
辅助数据	SRTM-3 V4 DEM(90m)、精密轨道数据

第一步：准备工作。

(1)参数设置：在对 Sentinel 数据进行 InSAR 处理时，需要在 SARscape 中进行设置，选取适合于 Sentinel 数据的参数并设定像元大小。具体步骤：在“SARscape Preferences”中将“Load Preferences”设置为“SENTINEL_TOPSAR”，该参数是 InSAR 处理中专门针对 Sentinel-1A 的 TOPSAR(IW)模式所设定的参数。在“General parameters”中将“Cartographic Grid Size(m)”设置为 15，即设定 DEM 结果的精度为 15m，若想获取更高精度的 DEM 数据则可将此项的值设置得更小一点。如图 6.2 所示。

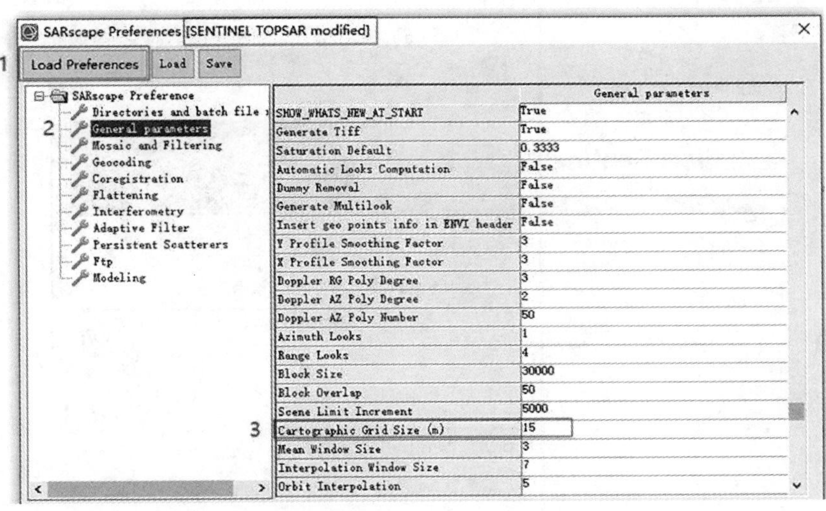

图 6.2　系统参数设置

(2)数据导入：将所下载的 Sentinel 数据文件解压后，在“SARscape”→“Import Data”→“SAR Spaceborne”中选择“Sentinel 1”。在数据输入面板(Input Files)中的“Input File List”中选择本次实验所需的两景 Sentinel 数据的 manifest. safe 文件；在“Optional Input Orbit File List”中选择 Sentinel 数据所对应的精密轨道数据文件，精密轨道数据可以修正轨道信息，有效去除因轨道误差所引起的系统性误差。在参数面板(Parameters)中的“Principal Parameters”中将“Rename the File Using Parameters”设置为“True”，即对输出的数据自动按照数据类型进行命名。最后，在数据输出面板(Output Files)中设置文件保存的路径，点击“Exec”，即可完成 Sentinel 数据的导入。如图 6.3 所示。

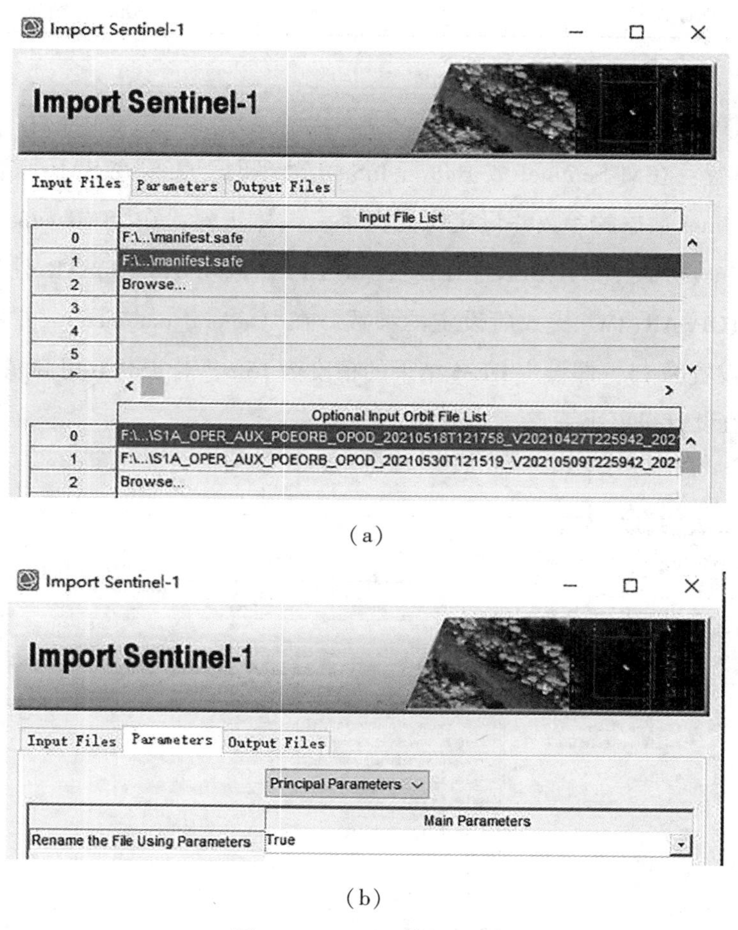

(a)

(b)

图 6.3　Sentinel 数据导入

所输出的数据文件主要包含：_slc_list 索引文件，记录了该影像由几个小图片构成；_slc_list_pwr 文件，影像多视后的强度数据；shp 文件，记录了输入数据的矢量范围；将输

出文件中的 .kml 文件导入 Google Earth，可在 Google Earth 中查看影像的范围。由于在导入时未选择极化方式，因此会输出 VV 和 VH 两种极化方式的数据。

(3)参考 DEM 数据的获取：外部 DEM 的获取主要有两种方式，一种是从外部网站手动下载 DEM 数据，并将其转换为 SARscape 可识别的格式；另一种是使用 SARscape 中的 DEM 下载工具。

具体步骤：打开“SARscape”→“General Tools”→“Digital Elevation Model Extraction”→“SRTM-3 Version 4”，在“Input Files”中输入两个时相的_slc_list 文件作为参考范围，在“DEM/Cartographic System”中将“State”设置为“GEO-GLOBAL”；将“Ellipsoid”设置为“WGS84”，其他参数皆为默认即可，在“Output Files”中选择 DEM 数据保存的位置，点击“Exec”即可根据 SAR 影像自动下载 DEM 数据。如图 6.4 所示。

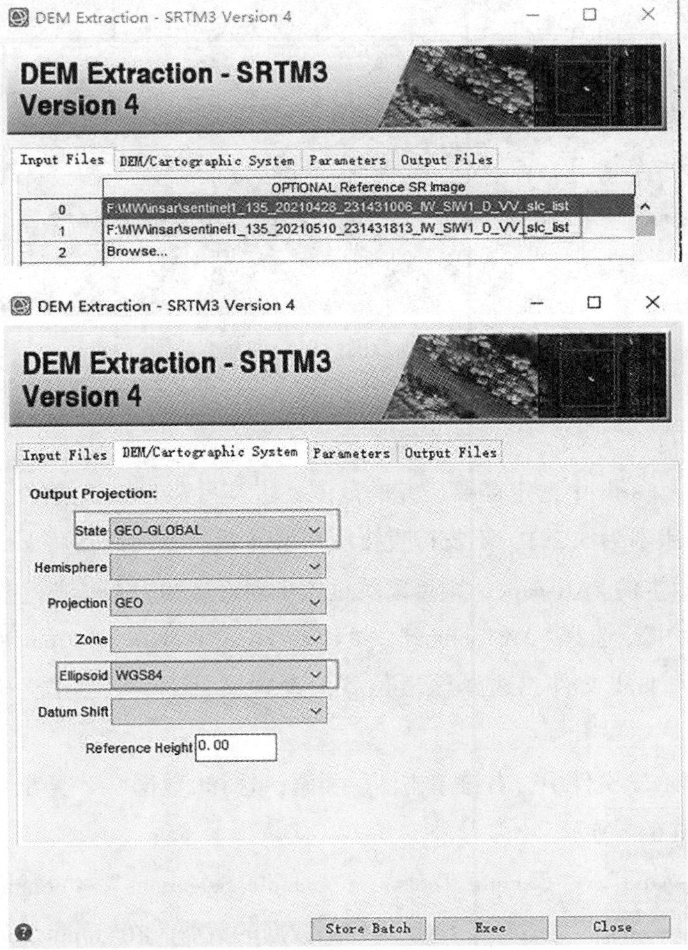

图 6.4　参考 DEM 的自动下载

(4)数据裁剪：所下载的 Sentinel 数据覆盖面积较大，达到了 46920km^2，较大的数据会使得处理过程较慢，因此需要对影像进行裁剪，本步骤为可选步骤，影像裁剪不是必须进行的，可以根据需要进行裁剪。本次裁剪借助 Google Earth 来完成，以大理漾濞为中心，覆盖范围为 100km×100km。如图 6.5 所示。

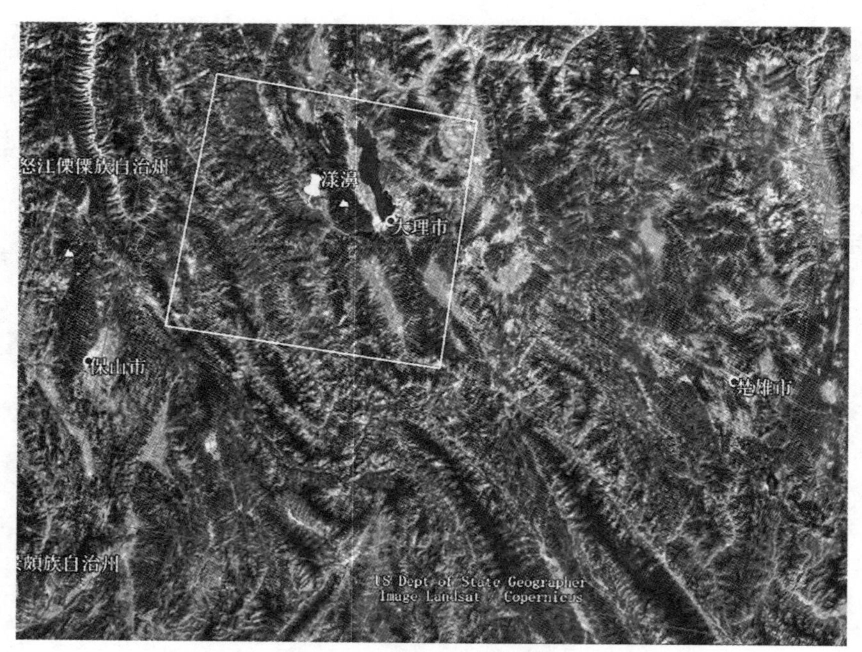

图 6.5　Sentinel 数据范围(红色)和裁剪范围(白色)

具体步骤如下：

①先在 Google Earth 中选定需要研究的范围，将其另存为 kml 文件。由于本次实验所采用的 SARscape 版本为 5.2.1，不支持直接利用 kml 裁剪，因此需将 kml 文件转换为 shp 文件，若使用高版本的 SARscape，则可以跳过此步骤直接利用 kml 进行裁剪。

②在 ArcMap 中，选择"ArcToolbox"→"Conversion Tools"→"From KML"→"KML to Layer"工具，输入 kml 文件，选择输出位置，设置文件名称，点击"确定"。如图 6.6 所示。

③在生成的 Layer 文件中，右键单击图层要素，选择"数据"→"导出数据"，设置数据的保存位置。如图 6.7 所示。

④打开"SARscape"→"General Tools"→"Sample Selections"→"Sample Selection SAR Geometry Data"工具，该工具适合于 SAR 坐标系数据的裁剪。在"Input Files"中选择需要进行裁剪的两景 Sentinel 数据，此处，可选择_slc、_slc_list、_pwr、_gr 格式的数据。在

"Optional Files"中输入上一步得到的 shp 文件作为 Vector File，下载的 DEM 数据作为 DEM File。值得注意的是，若此处的输入文件是 Sentinel 数据的_slc_list 文件，还需要导入_pwr 强度数据作为参考文件，如图 6.8(a) 所示。在"Parameters"面板中有些参数可以进行设置，下面将简要介绍一下主要的参数(图 6.8(b)(c))。

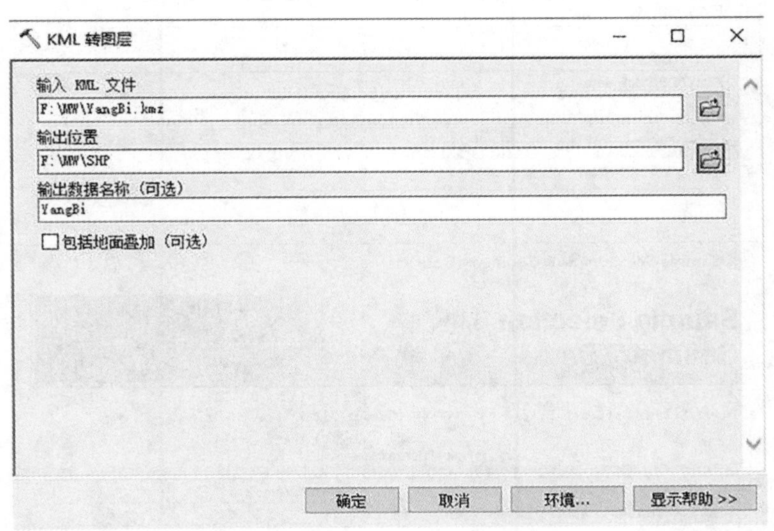

图 6.6　kml 转换为 Layer

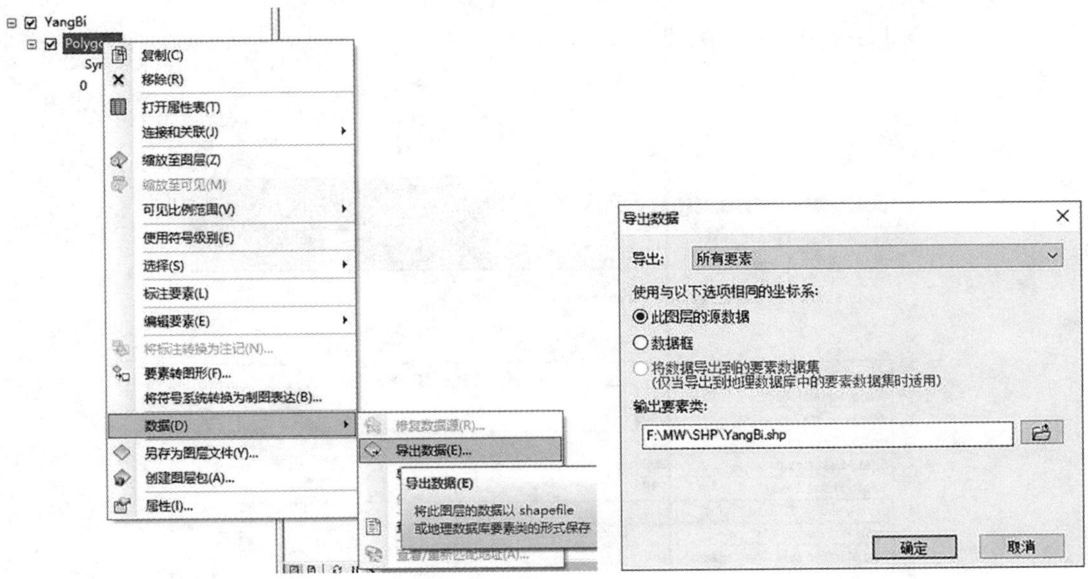

图 6.7　导出 shp 文件

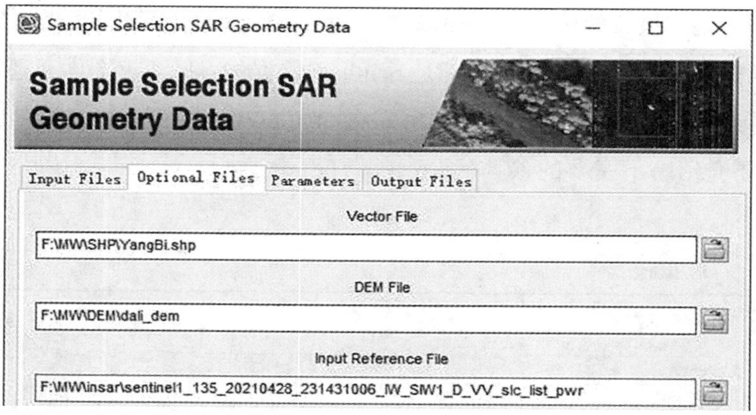

(a)

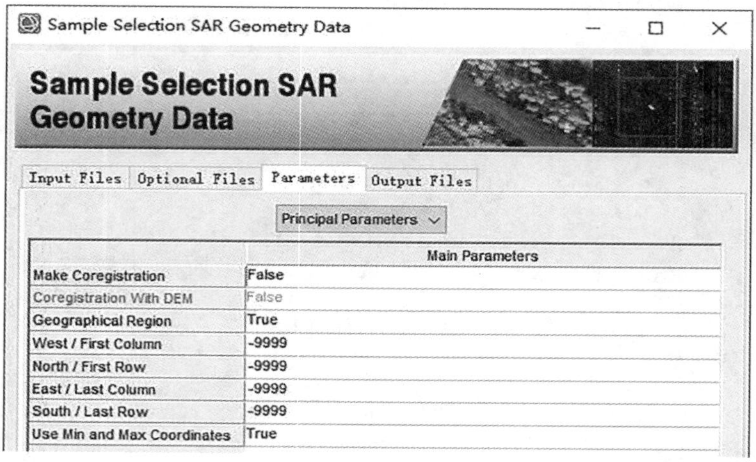

(b)

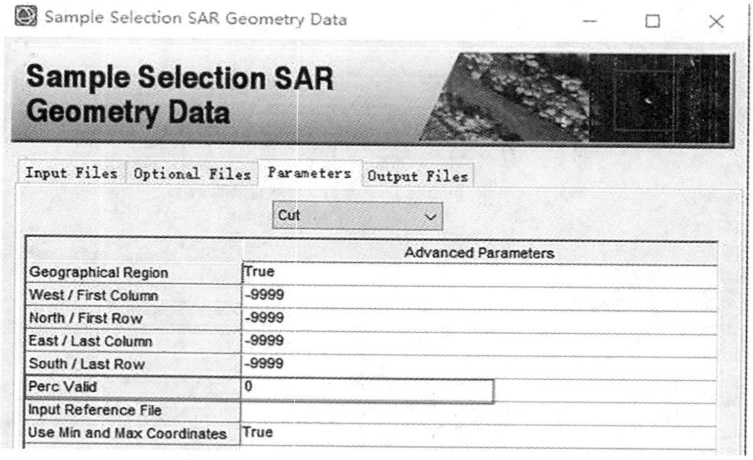

(c)

图 6.8　Sentinel 数据的裁剪

- Make Coregistration(配准)：该参数表示多幅影像裁剪时，会输出裁剪后的配准结果，默认为“False”。
- Coregistration With DEM(使用 DEM 配准)：该参数表示配准时是否参考 DEM，若“Make Coregistration”设置为“True”，则该参数可设置。
- Geographical Region(地理范围)：本次裁剪选择了 DEM 数据，因此此参数设置为“True”。若依据 SAR 坐标进行裁剪，则设置为“False”。
- Use Min and Max Coordinates(使用最大和最小坐标)：该参数表示按照矢量文件最大的坐标范围对数据进行裁剪，设置为“True”。

注：Sentinel 数据在进行裁剪时可能会出现“No bursts have been cut”的错误，错误出现的原因为子区域范围在某个 burst 中所占的百分比小于默认阈值，故无法裁剪。解决方法为在“Parameters”面板中将“Cut/Perc Valid”(高版本为 Min Valid Square dimension)的值调小。

第二步：基线估算。

选择“SARscape”→“Interferometry”→“Interferometric Tools”→“Baseline Estimation”工具，进行基线估算。该步骤的目的是评价干涉像对的质量，计算基线、轨道偏移(距离向和方位向)和其他系统参数。检查数据是否满足要求，只有在获得地面反射至少有两个天线重叠的时候才可以产生干涉，当时间基线和空间基线过长时，容易产生失相干，就无法进行干涉。

具体步骤：在“Input Files”面板中的“Input Master File”一栏选择一景影像的_slc_list 作为主影像，在“Input Slave File”中选择另一景影像作为从影像。在“Optional Files”面板中设置基线估算文件的输出位置及名称。在“Parameters”面板中，无主要参数设置，其余参数保持默认即可。如图 6.9 所示。

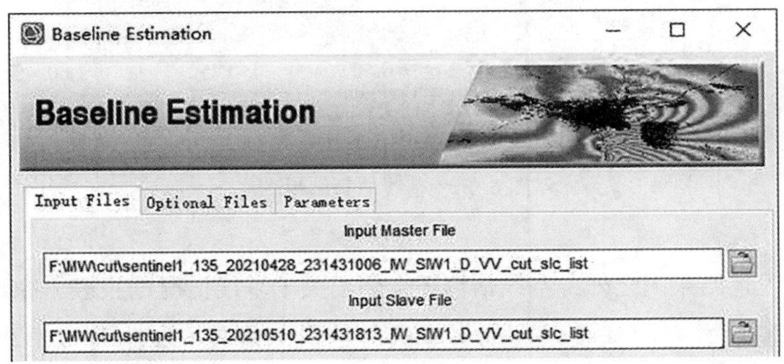

图 6.9 基线估算参数设置

进行基线估算后会生成理论高程精度和理论位移精度两幅图(图 6. 10)，分别表示利用该像对所得到的理论上的高程精度、形变精度与相干性之间的关系，相干性越高则精度越高。

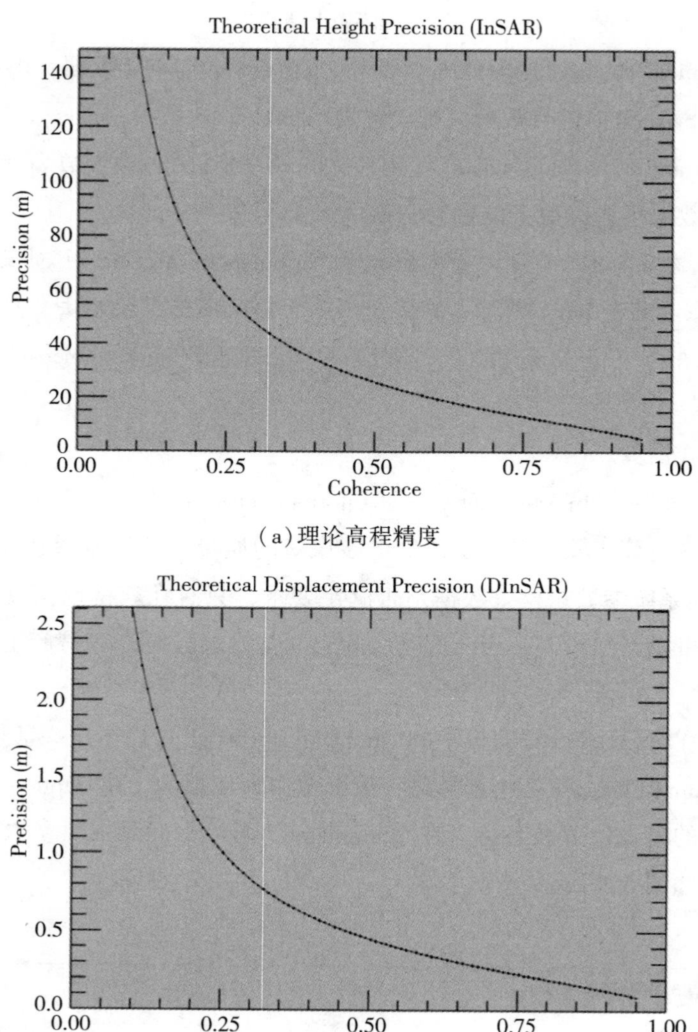

(a)理论高程精度

(b)理论位移精度

图 6. 10　基线估算结果图

除了输出上述结果图之外，基线估算还会输出关于基线情况的报表，在该表中可以查看像对的时间基线、空间基线以及临界基线等信息。从表 6. 2 中可以看出空间基线为 127. 682m，远小于临界基线 6171. 377m，时间基线为 12 天，相位每变化一个 2π 周期，高程变化 132. 461m，位移变化 0. 028m。

表 6.2　　基线估算报表

Normal Baseline (m)= 127.682 Critical Baseline min-max(m)= [-6171.377]-[6171.377]
Range Shift (pixels)= -2.017
Azimuth Shift (pixels)= 0.122
Slant Range Distance (m)= 907686.155
Absolute Time Baseline (Days)= 12
Doppler Centroid diff. (Hz)= 7.944 Critical min-max (Hz)= [-486.486]-[486.486]
2 PI Ambiguity height (InSAR) (m)= 132.461
2 PI Ambiguity displacement (DInSAR) (m)= 0.028
1 Pixel Shift Ambiguity height (Stereo Radargrammetry) (m)= 11126.748
1 Pixel Shift Ambiguity displacement (Amplitude Tracking) (m)= 2.330
Master Incidence Angle=42.212 Absolute Incidence Angle difference=0.008
Pair potentially suited for Interferometry, check the precision plot

第三步：InSAR DEM 工作流处理。

SARscape 中提供 InSAR 工作流用于生成 DEM，按照流程进行处理即可。打开"SARscape"→"Interferometry"→"InSAR DEM Workflow"，"InSAR DEM Workflow"面板左侧为 InSAR 处理的步骤，右侧为参数的设置，每执行完一步按下方的"Next"按钮即可进行下一步，若想返回上一步进行修改则可以按"Back"按钮返回上一步重新执行。若不使用 InSAR 工作流，则也可以选择"SARscape"→"Interferometry"→"Phase Processing"，按照该目录下的步骤分步进行。

(1) Input(数据输入)。

①在"InSAR DEM Workflow"中，第一步首先输入影像数据及参考 DEM 数据。在"Input"面板的"Input File"中输入主从影像，主从影像的选取应与第二步基线估算中的一致。如图 6.11 所示。

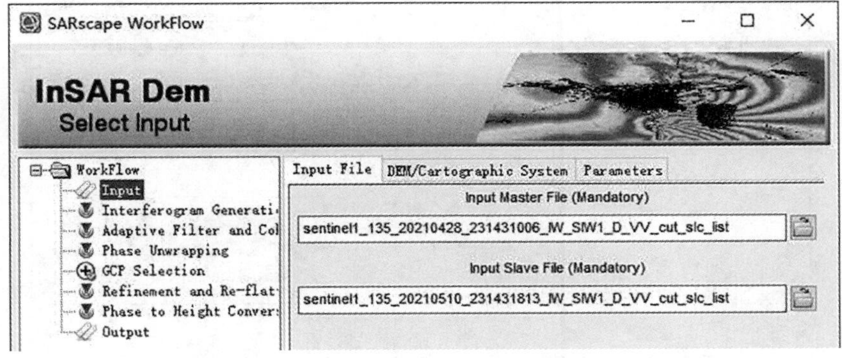

图 6.11　Input (Input File)

②在"DEM/ Cartographic System"中输入外部参考 DEM 数据，在该步骤中由于本次实验在第一步的准备工作中已经下载好了参考 DEM 数据，因此"Reference Type"选择"Input DEM"(图 6.12(a))，若之前未下载 DEM 数据，也可以将"Reference Type"改为"DEM Download"，自动下载 DEM 数据(图 6.12(b))。简要参数的说明如下：

- Type of DEM(DEM 类型)：在 InSAR 处理中一般采用 SRTM 数据作为参考 DEM，而 Version 2 数据由于存在空洞会对数据结果产生影响，因此选择"SRTM-3 Version 4"。
- Grid Size(像元大小)：该项指的是 DEM 数据的分辨率，SRTM 数据分为 SRTM-1 和 SRTM-3，其中 SRTM-1 对应的分辨率为 30m，SRTM-3 对应的分辨率为 90m，该项的默认值为"90"，"Type of DEM"选择的是"SRTM-3"，因此不需要进行修改。
- State：设置为"GEO-GLOBAL"。
- Ellipsoid：设置为"WGS84"。

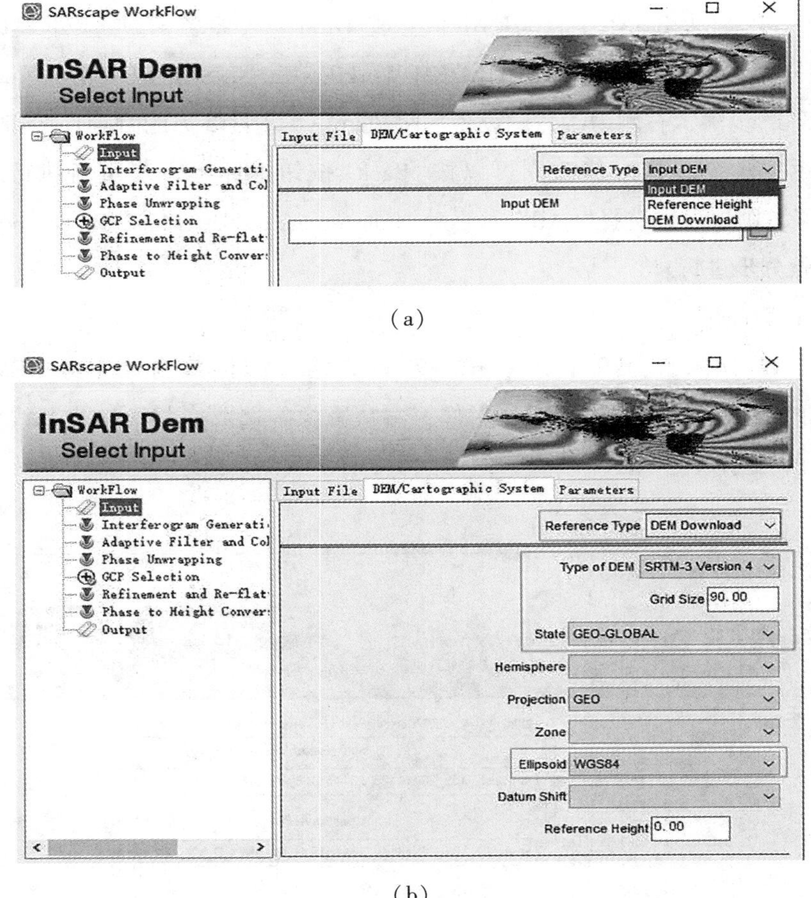

(a)

(b)

图 6.12　Input（DEM/ Cartographic System）

③在“Parameters”中设置“Grid Size”的大小，若在第一步的准备工作中，未对“Cartographic Grid Size(m)”进行设置，则也可以在本步骤中进行设置，本次实验将“Grid Size”的值设置为15，如图6.13所示。将所有参数设置好之后，点击“Next”进行下一步。

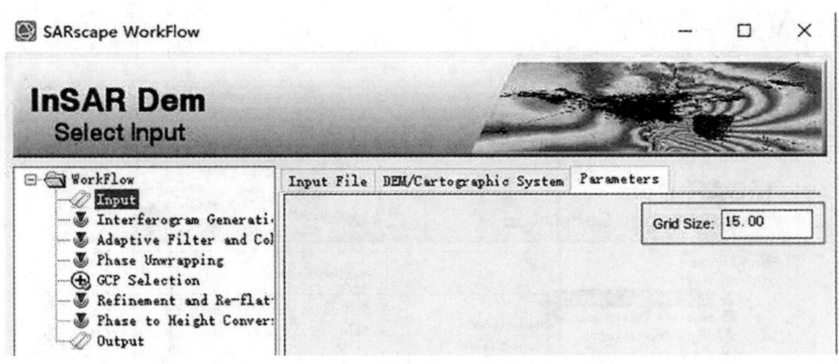

图6.13　Input (Parameters)

(2) Interferogram Generation(干涉图生成)。

①执行完上一步文件输入后会出现一个弹窗，是根据制图分辨率和数据的头文件信息计算出来的视数，“Range Looks”表示距离向视数，“Azimuth Looks”表示方位向视数，做多视处理可以提高数据的辐射分辨率，即强度信息。如图6.14所示。

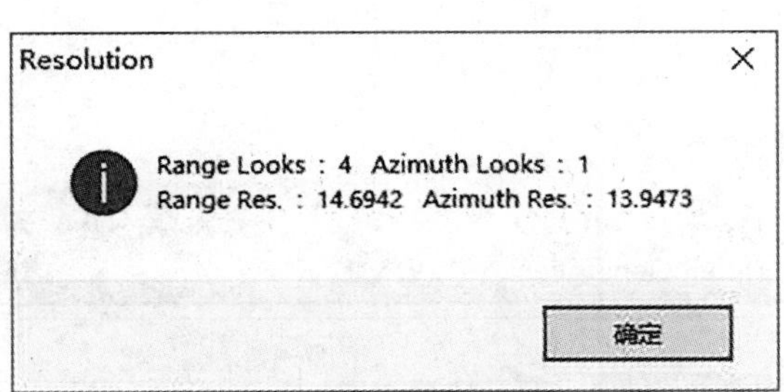

图6.14　视数信息

②Interferogram Generation/Principal Parameters 面板中有几个主要参数需要进行设置，主要参数的简要说明及设置如下(图6.15)：

- Range Looks：4，距离向视数，根据 Resolution 弹窗自动填入。
- Azimuth Looks：1，方位向视数，根据 Resolution 弹窗自动填入。
- Grid Size for Suggested Looks：15，制图分辨率，根据之前设置的 Grid Size 自动填入。

- Coregistration With DEM：True，使用 DEM 配准。若将该项设置为 True，则配准时光谱偏移计算就会考虑局部的地形信息，若轨道参数不是非常精确，该项建议选择“False”。以下情况建议选择“True”：数据为长条带的、数据范围在高纬度地区的、带有非 0 多普勒注释的数据(尤其是波段较长的数据如 ALOS PALSAR)、Sentinel 数据(Sentinel 数据是基于 DEM 进行配准的)。

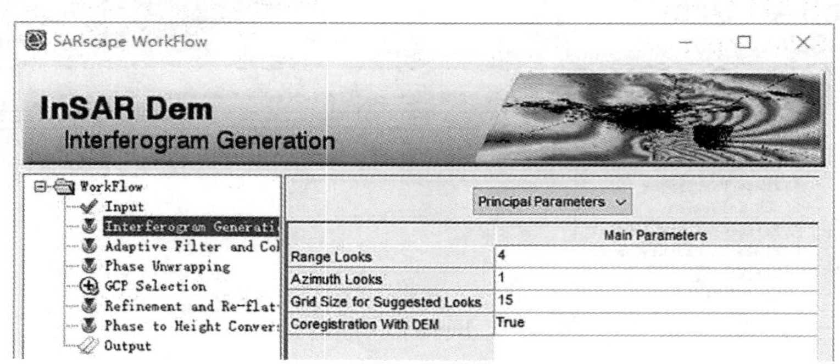

图 6.15　Interferogram Generation/Principal Parameters 面板参数设置

③将 Interferogram Generation/Global 面板中的“Make TIFF”(高版本为 Generate Quick Look)设置为“True”，该选项表示生成 TIFF 格式的中间结果，能够方便我们查看中间结果。除了上述提到的几个参数需要注意外，其余参数保持默认能得到较好的结果。如图 6.16 所示。

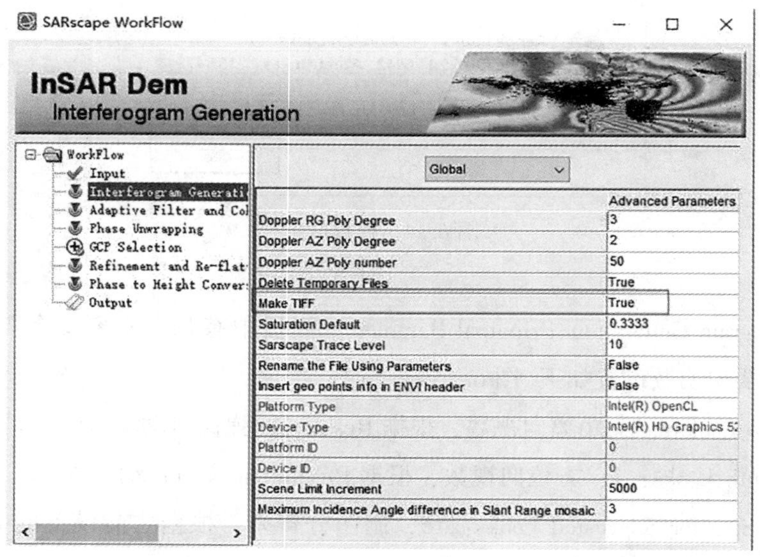

图 6.16　Interferogram Generation/Global 面板参数设置

④将参数设置好之后，点击“Next”按钮即可完成干涉图的生成，该步骤完成后会在ENVI 中自动加载显示去平后的干涉图(_dint)(图 6.17)以及主从影像的强度图(_pwr)，并在临时文件夹“Temp”中生成一个名为“SARsTmpDir_XXXX”的文件夹，Temp 的默认保存位置为“C：\ Users \ <计算机用户名> \ AppData \ Local \ Temp”。生成的结果如表 6.3 所示。

图 6.17　去平后的干涉图(经过彩色渲染)

表 6.3　**Interferogram Generation 结果文件**

结果文件	说　明
INTERF_out_int	干涉图
INTERF_out_sint	地形合成相位
INTERF_out_dint	去平地后的干涉图
INTERF_out_master_pwr	主影像的多视强度图
INTERF_out_slave_pwr	从影像的多视强度图
INTERF_out_srdem	斜距几何下的参考 DEM
INTERF_out_par	干涉配准时的偏移量数据

续表

结果文件	说　　明
INTERF_out_par_orbit_off	配准时估算轨道偏移时所用到的点矢量数据，包括点在方位向和距离向上的位置坐标、测量到的偏移量、计算出的线性偏移量
INTERF_out_par winCC_off	配准时从强度数据的相差上估算交叉相关偏移量的点矢量数据，包含每个点的交叉相关值(CC)，值的范围为 0~1
INTERF_out_par_winCoh_off	配准时从相位数据的相差上估算相干性的点矢量数据，包含信噪比(SNR)和相干值，相干性值的范围为 0~1

注：在进行 InSAR 干涉流时需要注意存放 Temp 的盘最好有 100G 的可用空间，否则在进行 InSAR 处理时容易出现“Memory not found”的错误。若想更改 Temp 文件的保存位置则可在 ENVI/File/Preferences/Directories 中更改。

由于在进行干涉处理时选择了 Make TIFF，因此可以在 Temp 文件中查看 TIFF 格式的干涉图、强度图等图像。

(3) Adaptive Filter and Coherence Generation(自适应滤波及相干性处理)。

①对上一步生成的干涉图进行滤波处理，主要目的是抑制干涉图中的噪声，计算干涉像对的相干系数。在该步骤中需要设置的参数主要是“Principal Parameters”中的“Filtering Method”，SARscape 中提供了 Boxcar、Goldstein、Adaptive 三种滤波方法(表 6.4)，本次实验将“Filtering Method”设置为“Goldstein”(图 6.18)。

表 6.4　**滤波方法**

滤波方法	说　　明
Boxcar	在滑动窗口内对像素值进行平均，尽可能保留微小的条纹；对于对角线噪声有较好的抑制效果，滤波后会使边缘模糊
Goldstein	将干涉图进行分块处理，对每一块进行傅里叶变换得到频谱，再对频谱进行平滑处理；该方法提高了干涉条纹的清晰度、减少了由空间基线或时间基线引起的失相干的噪声，较为常用
Adaptive	根据噪声的强度调整平滑的力度，在噪声高的区域，平滑力度大，在噪声低的区域，力度减小，对于边缘区域则采用矩形窗口。该方法能够在去除噪声的同时，尽可能保持干涉图的细节信息以及干涉条纹的连续性，适用于分辨率较高的数据(如 TerraSAR-X 或 COSMO-SkyMed)

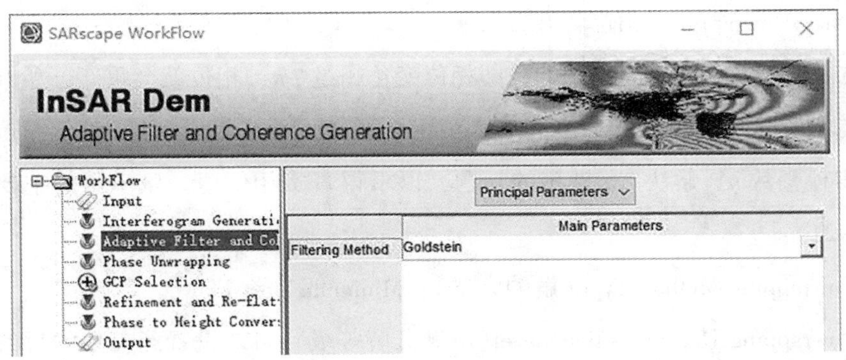

图 6.18 Adaptive Filter and Coherence Generation 参数设置

②设置完参数后点击"Next"按钮即可进行干涉图滤波和相干性生成处理，该步骤完成后会在 ENVI 中自动加载显示相干性系数图(_cc)(图 6.19)以及滤波后的干涉图(_fint)(图 6.20)，并生成表 6.5 所示结果。

表 6.5 **Adaptive Filter and Coherence Generation 结果文件**

结果文件	说　明
INTERF_out_cc	相干性系数图
INTERF_out_fint	滤波处理后的干涉图

图 6.19 相干性系数图

图 6.20 滤波后的干涉图

(4) Phase Unwrapping(相位解缠)。

①相位的变化是以 2π 为周期的，即相位变化超过 2π，相位就会重新开始和循环。因此，进行滤波处理后所得到的相位值与真实相位值之间还差 2π 的整数倍，相位解缠的目的就是求得模糊数 n，解决 2π 模糊的问题，以求得真实相位值。该步骤的主要参数设置如下(图 6.21)：

- Unwrapping Method Type(解缠方法)：Minimum Cost Flow。

- Unwrapping Decomposition Level(解缠分解等级)：1。设置此参数的目的为使用迭代的方式对数据进行多视和疏采样，使得干涉图能够以一个较低的分辨率进行解缠再重采样为原始分辨率，以减少解缠错误，提高效率。此参数的取值范围为[-1, 3]间的整数，-1 和 0 表示不执行分解，用原始像素采样，适用于形变较大或地形较为陡峭的区域；1 和 3 分别为最小和最大的分解等级。通常在进行处理时采用原始分辨率-1、0 或最小分解等级 1。

- Unwrapping Coherence Threshold(解缠相干性阈值)：0.2。该值为解缠相干系数最小值，即对相干系数大于该阈值的像元进行相位解缠。

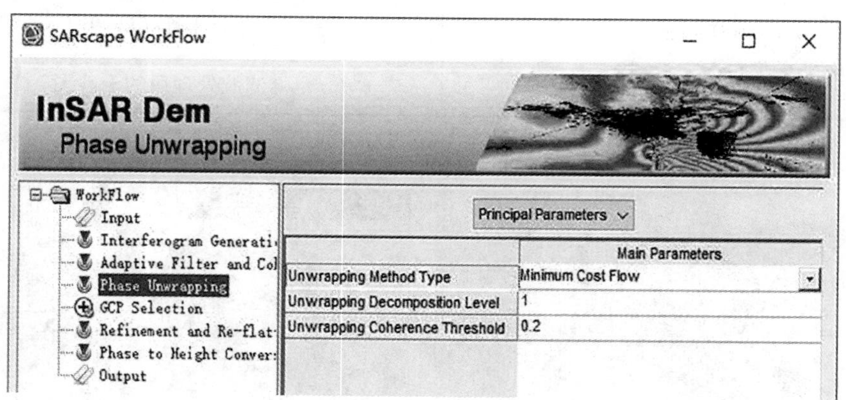

图 6.21　Phase Unwrapping 参数设置

在 SARscape 中提供了 Region Growing、Minimum Cost Flow、Delaunay MCF 三种解缠方法，下面将对这三种方法进行简要说明(表 6.6)。

②参数设置完毕后点击“Next”按钮即可对干涉图进行相位解缠处理，该步骤完成后会生成“INTERF_out_upha”解缠结果文件，并在 ENVI 中加载显示，如图 6.22 所示。

表 6.6　　　　**解缠方法**

解缠方法	说　　明
Region Growing(区域增长法)	先依据相位质量对干涉图进行分区，在每个区域内从质量最高的像元开始以像元质量高低为顺序进行解缠。该方法的优点在于效率较高，可以降低由相位突变所造成的误差；缺点在于质量较低的噪声区域解缠效果较差，会形成相位孤岛。若采用该方法，则相干阈值应设置在 0.15~0.2
Minimum Cost Flow(最小费用流法)	先求得缠绕相位与解缠相位的差值，找出其中的最小值，再将其转换为最小费用流问题。该方法的优点是能够考虑到所有的像元，并对相干性小于阈值的像元进行掩膜处理，得到全局最优结果。若数据的相干性较差，则选取该方法
Delaunay MCF(Delaunay 最小费用流法)	MCF 方法采用的是正方形的网格，且考虑到了全部的像元。而该方法采用的是 Delaunay 三角网，并且只考虑相干性高于阈值的像元，不会受到低相干性像元的影响。若选取的数据中含有大量的水体、浓密植被等相干性较低的地物，则采取该方法能够很好地避免低相干性带来的误差

图 6.22　相位解缠图

(5) GCP Selection(GCP 选择)。

①点击图标，打开控制点选择工具(图 6.23)，若已有控制点文件则可以点击打开按钮导入已有的控制点。

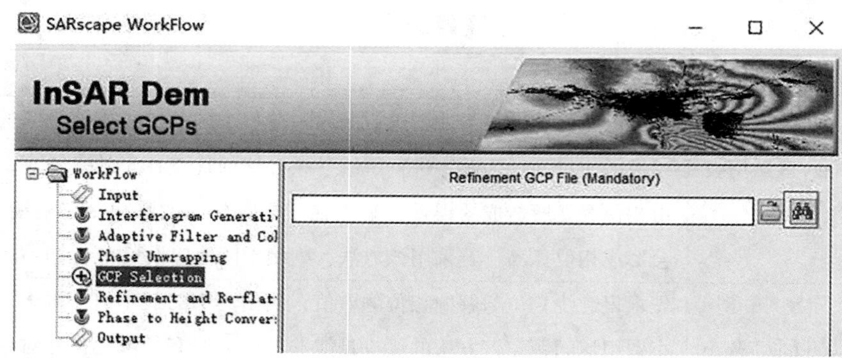

图 6.23　打开控制点选择工具

②打开控制点选择工具后自动输入相应的参考文件，对应的文件如下(图 6.24)：

- Input File：INTERF_out_upha，解缠结果；
- DEM File：Srtm-3_V4_dem，参考 DEM 数据；
- Reference File：INTERF_out_fint，滤波处理后的干涉图。

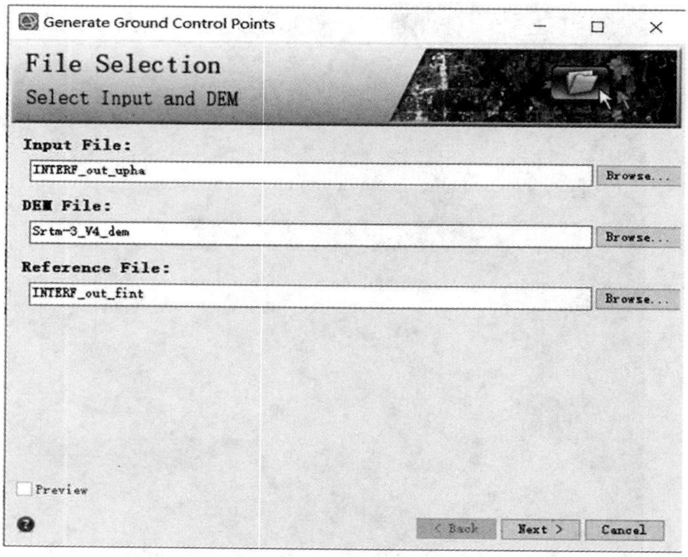

图 6.24　控制点生成面板

③输入参考文件后，点击“Next”按钮即可进入控制点选择界面(图 6.25)，在影像上点击鼠标左键，生成控制点，若想删除控制点则可以点击控制点生成面板上的“×”来剔除控制点。控制点选取应遵循以下原则：a. 控制点应在去平后的干涉图上进行选择，可以避免受到地形相位的影响；b. 尽量选择相干性较高的区域，相干系数图可以反映相干性的大小，相干

系数图上越亮的区域表示相干系数越大，即相干性越好；c. 控制点应尽量分布在整个区域内；d. 尽量选择相位没有变化的点，即平地点；e. 轨道精炼是基于多项式进行的，若选取的控制点较少则会从三次多项式降到二次多项式，因此 GCP 点的数量至少应在 10 个以上。

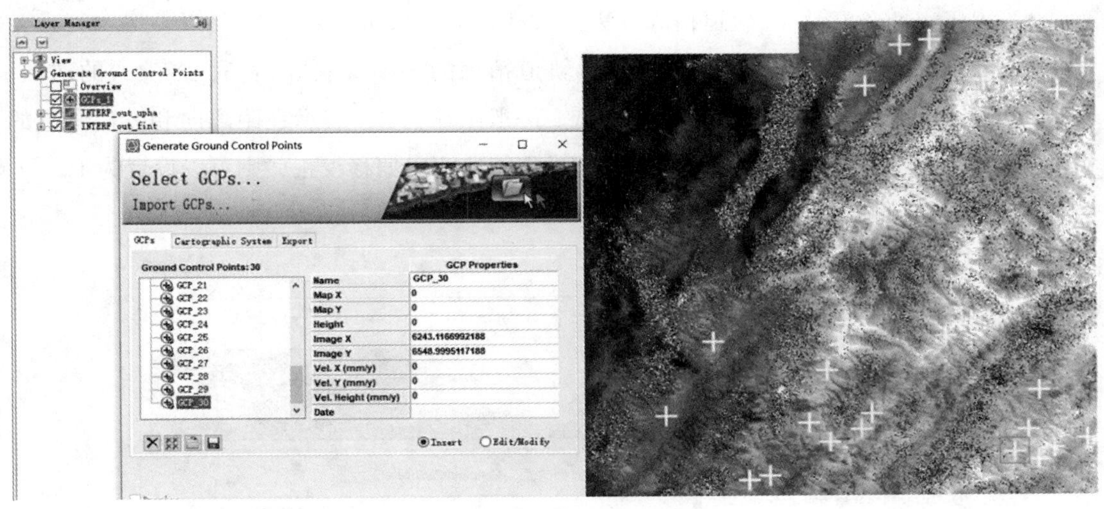

图 6.25　GCP 点选择

④GCP 点选取完之后，在"Cartographic System"面板中可以设置参考坐标系(图 6.26)，由于输入了 DEM 数据作为参考，因此此处的参数会自动设置不需要进行更改。在"Export"中可以设置 GCP 文件的保存路径。设置完成后，点击"Finish"，完成 GCP 点的选择，生成 xml 文件，回到 InSAR 工作流中。此时，Refinement GCP File (Mandatory)中已自动导入 GCP 文件，点击"Next"按钮完成 GCP 点的选择。

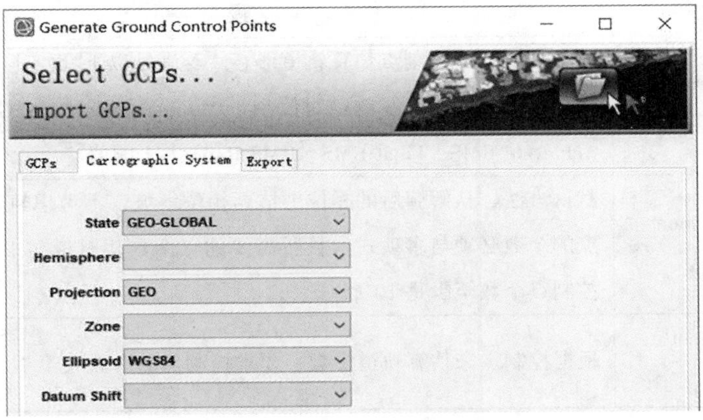

图 6.26　GCP Selection

(6) Refinement and Re-flattening(轨道精炼及重去平)。

①解缠后的相位转换为高程值会受到轨道参数的影响，因此要尽可能地提高轨道参数的精确度。该步骤的目的就是进行轨道精炼，利用 GCP 重新定义基线参数，并计算相位偏移量，消除可能的斜坡相位，去除轨道误差。主要参数设置如下(图 6.27)：

- Refinement Method(轨道精炼方法)：Polynomial Refinement。
- Refinement Res Phase Poly Degree(轨道精炼的多项式次数)：3，多项式的次数，若输入的控制点较少则多项式的次数会降低。一般默认为 3，表示在距离向和方位向上的相位残差以及恒定的相位偏移将被校正，如果仅需要相位偏移校正，则可以设置为 1。
- Coregistration With DEM(使用 DEM 配准)：True。

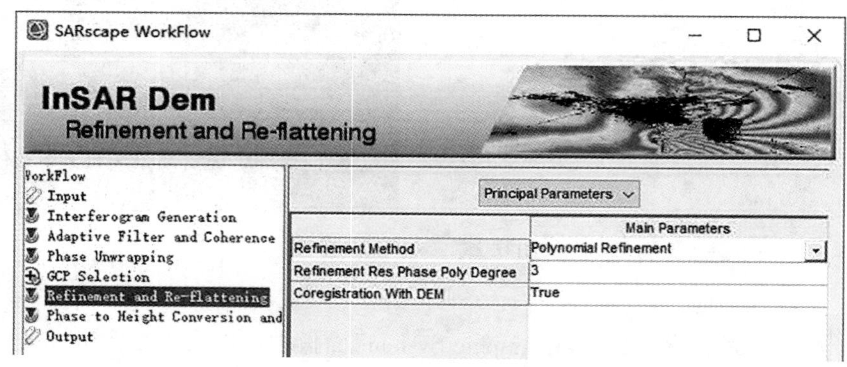

图 6.27　Refinement and Re-flattening 参数设置

SARscape 中提供了三种轨道精炼的方法，下面将简要介绍这三种方法(表 6.7)。

表 6.7　**轨道精炼方法**

轨道精炼方法	说　明
Automatic Refinement (自动优化)	先根据输入的控制点估算轨道形态，若满足以下几点则会自动切换到轨道优化方法：空间基线的绝对值小于 Minimum Baseline；GCP 点个数大于 7；Achievale RMS、Final RMS、RMS Ratio 大于阈值
Polynomial Refinement (多项式优化)	默认方法，从解缠后的相位中估算相位斜坡，不考虑轨道形态，要求控制点的个数必须与多项式次数所需要的点个数相对应(如 3 次多项式需要的控制点个数至少是 10 个)
Orbital Refinement (轨道优化)	根据控制点来估算轨道参数，要求控制点的个数大于 7

②参数设置完毕后，点击“Next”按钮，会生成轨道误差信息并显示在“Refinement Results”面板中，生成的结果文件中均含有 reflat，如表 6.8 所示。

表 6.8 **Refinement and Re-flattening 结果文件**

结果文件	说　明
INTERF_out_reflat_fint	重去平后的干涉图
INTERF_out_reflat_sint	重去平后的合成相位图
INTERF_out_reflat_upha	重去平后的解缠相位图
INTERF_out_reflat_srdem	重去平后的斜距几何下的参考 DEM
INTERF_out_reflat. txt	轨道精炼所用的轨道修正参数
INTERF_out_reflat_refinement. shp	斜距坐标系下轨道精炼所使用的有效控制点文件
INTERF_out_reflat_refinement_geo. shp	地理坐标系下轨道精炼所使用的有效控制点文件

从表中可以看出所选取的 30 个控制点都被使用，且全部用于有效像元，拟合的轨道精炼三次多项式为：5. 5805833186＋0. 0009763263 ＊ rg－0. 0000193985 ＊ az，均方根误差 RMSE 为 36. 813m，去除残差后的平均差值为 0. 159rad，去除残差后的标准差为 1. 989rad，其中后两项的值越小表示精度越高。如表 6.9 所示。

表 6.9 **Refinement Results**

ESTIMATE A RESIDUAL RAMP

Points selected by the user＝30

Valid points found＝30

Extra constrains＝2

Polynomial Degree choose＝3

Polynomial Type：＝k0+k1 ＊ rg+k2 ＊ az

Polynomial Coefficients（radians）：

k0＝5. 5805833186

k1＝0. 0009763263

k2＝－0. 0000193985

Root Mean Square error（m）＝ 36. 8125457222

Mean difference after Remove Residual refinement（rad）＝ 0. 1594400685

Standard Deviation after Remove Residual refinement（rad）＝ 1. 9888778694

(7) Phase to Height Conversion and Geocoding(相位转形变及地理编码)。

①经过轨道精炼和重去平后所得到的结果还只是相位值，因此需要将重去平后的解缠相位结合合成相位转变为高程值，并将其从 SAR 坐标系下输出到地理坐标系下。该步骤的主要参数设置如下(图 6.28)(其中“Relax Interpolation”“Dummy Removal”参数为“Geocoding”面板中的，其余参数均在“Principal Parameters”面板中)：

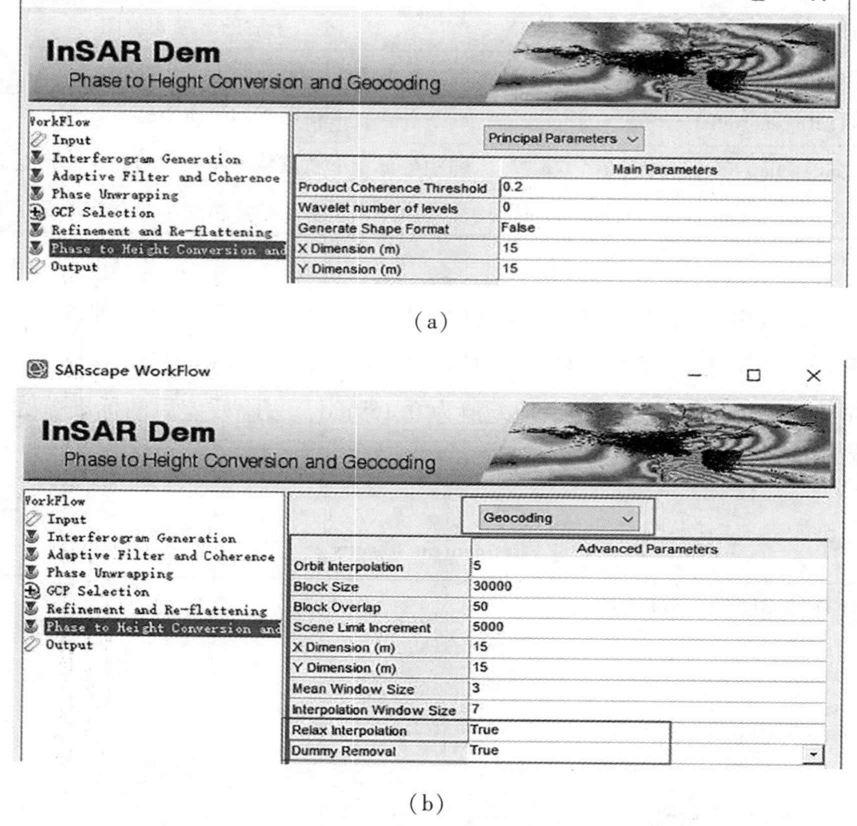

图 6.28　Phase to Height Conversion and Geocoding 参数设置

- Product Coherence Threshold(相干性阈值)：0.2，将相干性大于该阈值的像元进行 DEM 输出。

- Wavelet number of levels(小波变换等级)：0，该参数的设置取决于 SAR 数据的分辨率和参考 DEM 的分辨率，决定了在相位转换高程时所保留的相位，即 SAR 数据分辨率 $\times 2^n \approx$ 参考 DEM 分辨率，其中 n 为该参数的值。例如采用 3m 分辨率的 SAR 数据，90m 分辨率的 DEM 数据，则等级应该设置为 5 或者更大。Sentinel 和 ASAR 数据一般设置为 0。

- Generate Shape Format(生成矢量文件)：False，将栅格 DEM 转换为矢量数据，若该参数设置为 True，则转换需要耗费大量时间，一般设置为 False。
- X Dimension(m)(X 方向上的水平分辨率)：15，X 方向上的制图分辨率，根据前面设置的 Grid Size 自动填入。
- Y Dimension(m)(Y 方向上的水平分辨率)：15，Y 方向上的制图分辨率，根据前面设置的 Grid Size 自动填入。
- Relax Interpolation(无效值内插处理)：True，对于图像中的无效值进行内插处理。
- Dummy Removal(去除图像外的无效值)：True，对于图像外的区域做掩膜处理。

②参数设置完成后点击"Next"按钮即可得到 DEM 数据，生成的 DEM 数据的地理坐标系是以参考 DEM 数据为准的，该步骤生成如表 6.10 所示的 4 个结果文件，保存在设置好的 Output 文件夹中，而不是在 Temp 中。

表 6.10　**Phase to Height Conversion and Geocoding 结果文件**

结果文件	说　明
XXX_output_demwf_dem	生成的 DEM 数据(图 6.29)
XXX_output_demwf_cc_geo	地理编码的相干性系数图
XXX_output_demwf_resolution	基于局部入射角所得到的空间分辨率
XXX_output_demwf_precision	数据质量的估算结果图，代表 DEM 的精度

图 6.29　生成的 DEM 数据

(8) Output(数据输出)。

得到 DEM 数据后可在 Output 中设置输出路径，勾选“Delete Temporary Files”则可以删除中间结果，只保留生成的 DEM 结果，若想保留中间结果方便查看，则可以取消勾选，设置完成后点击“Finish”即可完成整个 InSAR 工作流，并退出工作流。此时，输出的 DEM 数据会自动进行密度分割，并以彩色的形式显示在 ENVI 中，如图 6.30 所示。

图 6.30　DEM 数据配色展示

6.2　地表形变信息提取

利用 Sentinel-1A 干涉数据对大理漾濞地震引起的地表形变进行分析。

2021 年 5 月 21 日 21 时 48 分 34 秒，大理漾濞县发生 6.4 级地震，震源深度 8km，并发生多次余震。据统计，5 月 21 日 20 时 56 分起至 5 月 22 日 07 时 00 分，漾濞县连续发生地震 398 次，其中 4.0 级以上 13 次，最大震级 6.4 级。本节以 Sentinel-1A SLC 作为数据源，使用 DInSAR 的方法，对 2021 年 5 月 21 日前后大理漾濞的地震事件进行干涉测量。数据的详细信息见表 6.11。

表 6.11　　数据信息

数据名称	Sentinel-1A IW SLC 像对
成像时间	2021-4-28、2021-5-10
极化方式	VV 极化
入射角	39.35°
飞行方向	Descending 降轨
成像区域	大理漾濞
影像范围	100km×100km
像元大小	15m×15m
辅助数据	SRTM-3 V4 DEM(90m)、精密轨道数据

6.2.1 数据准备

1. 设置系统参数

点击"SARscape"→"Preferences"，设置"Load Preferences"为"Sentinel TOPSAR"，如图6-31所示，这套参数是专门针对 Sentinel-1A 数据的 TOPSAR（IW)模式做 InSAR 处理时的系统参数。

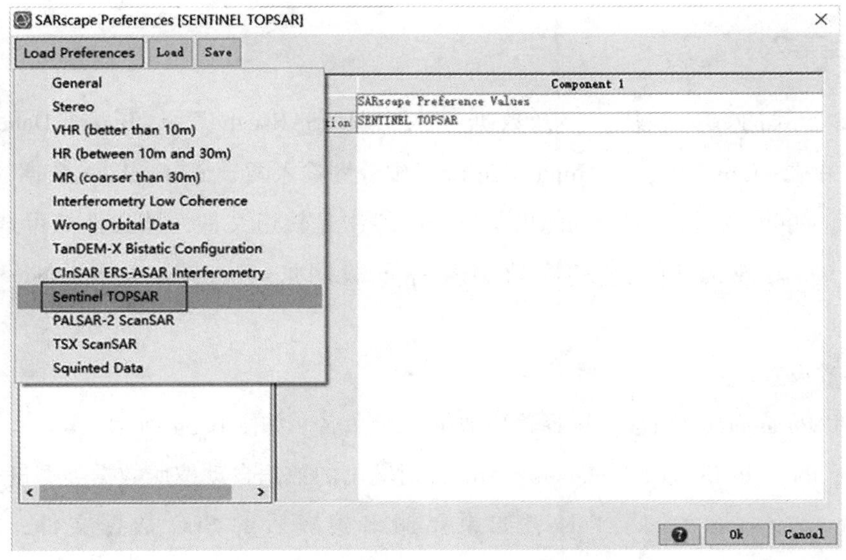

图 6.31　设置 SARscape 系统参数

为了便于后面操作数据的读取和输出，设置 ENVI 的系统参数中的输入输出路径："ENVI"→"File"→"Preferences"，在"Directories"中设置默认的输入路径和输出路径。如图 6.32 所示。

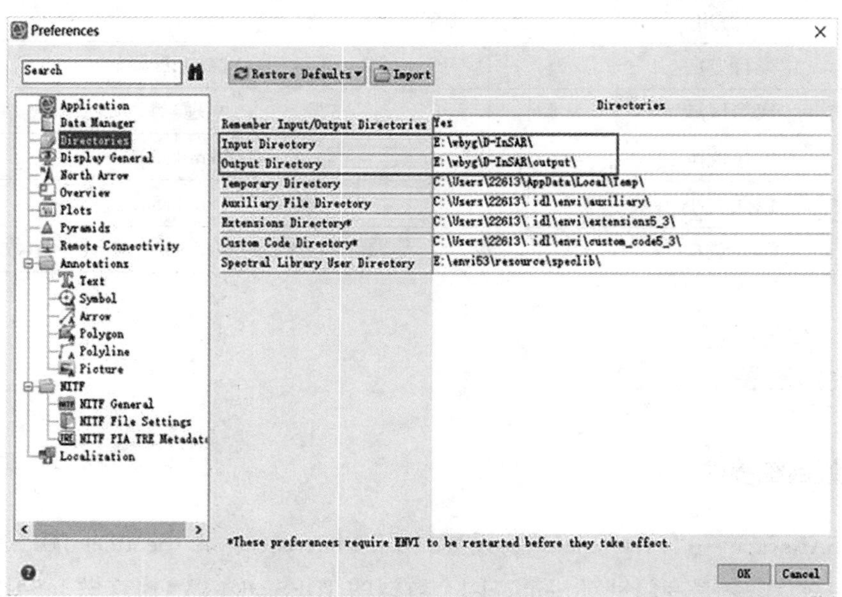

图 6.32 设置默认的输入、输出路径

2. 数据导入

将网站下载的数据解压，打开数据导入工具"SARscape"→"Import Data"→"SAR Spaceborne"→"Sentinel 1"，在"Input File List"中分别输入两景 Sentinel-1A 数据的元数据文件"manifest. safe"；"Optional Input Orbit File List"中是轨道文件，该文件是可选文件，可以不输入，如图 6.33 所示。精密轨道文件下载网址：https：//scihub. copernicus. eu/gnss/#/home。

(1)参数设置。

切换到"Parameters"面板，选择输出数据进行命名。如图 6.34 所示。

Rename the File Using Parameters：True，对输出的数据自动按照数据类型进行命名；

Make mosaic same track：False，如果要输出镶嵌后的 SLC 数据文件，此处可选"True"。

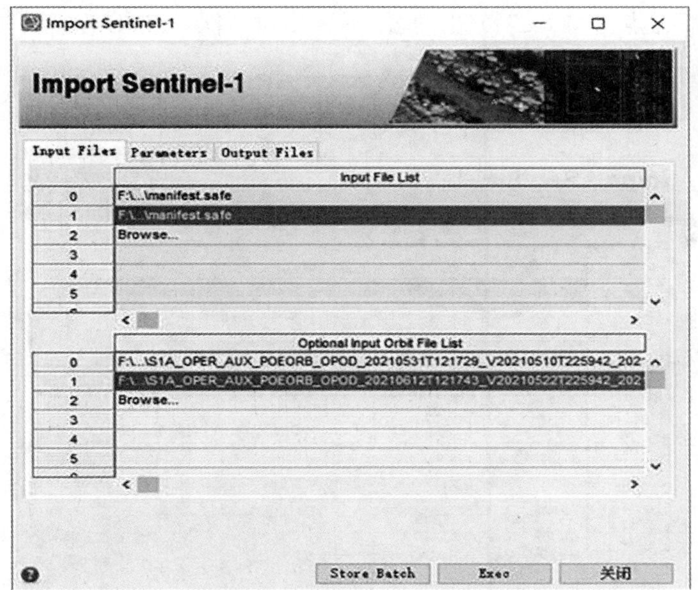

图 6.33　数据导入界面

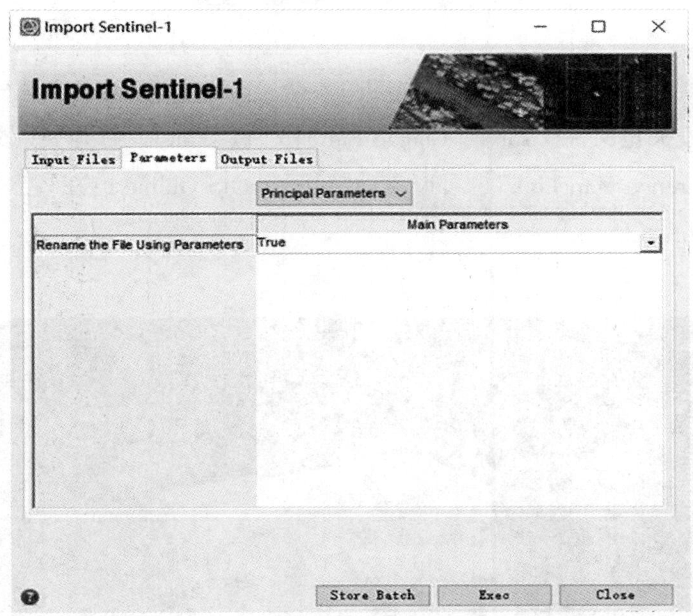

图 6.34　数据导入参数设置

(2)输出设置。

之前设置过默认的输出路径，这里直接按照默认即可，如果要改输出路径，在数据输出路径上点击鼠标右键，选择“Change Output Directries”。

设置好参数后，点击“Exec”按钮，完成后弹出对话框，点击“End”。如图 6. 35 所示。

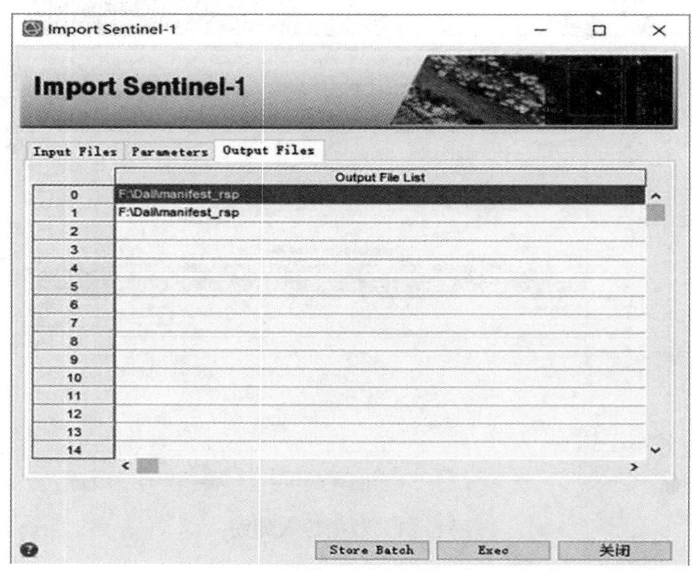

图 6. 35　数据导入的输出位置

输出的数据文件包括：整景图像的强度图数据(_pwr)、slc 索引文件(. slc_list)、带有地理坐标的外边框矢量文件(. shp)、Google Earth 文件(. kml)。打开矢量文件，ENVI 主菜单“View”→“Reference Map Link”，可以自动链接 ArcGIS Online 的在线底图，查看数据的地理范围，如图 6. 36 所示。

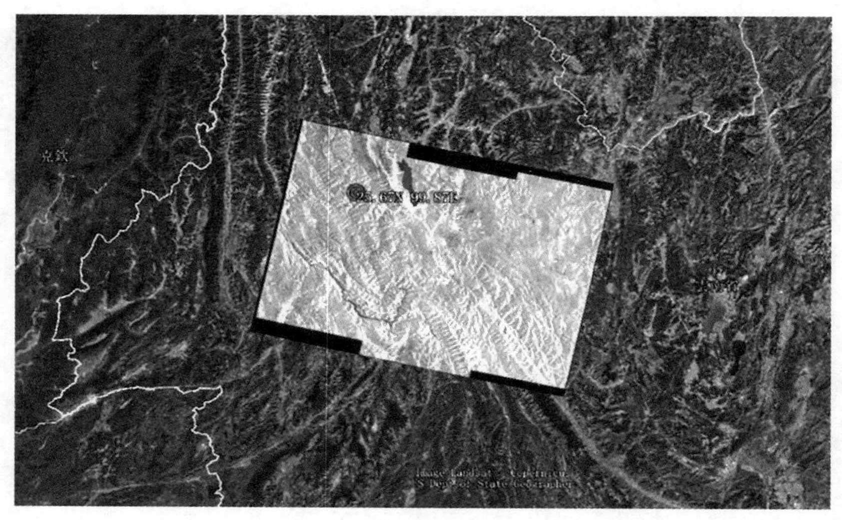
图 6. 36　Sentinel 数据上震中的位置

6.2.2 研究区裁剪

如果有研究区范围的 shp 文件，可直接开始裁剪。若没有，则根据下述步骤自行裁剪。

打开数据导入时生成的 list_pwr 文件，点击 ENVI 主菜单“File”→“New”→“Vector Layer”，选择_pwr 数据，绘制矢量区域，再在该矢量图层上点击右键，选择“Save As”，另存为矢量文件，命名为“daliyangbi. shp”，如图 6. 37 所示。

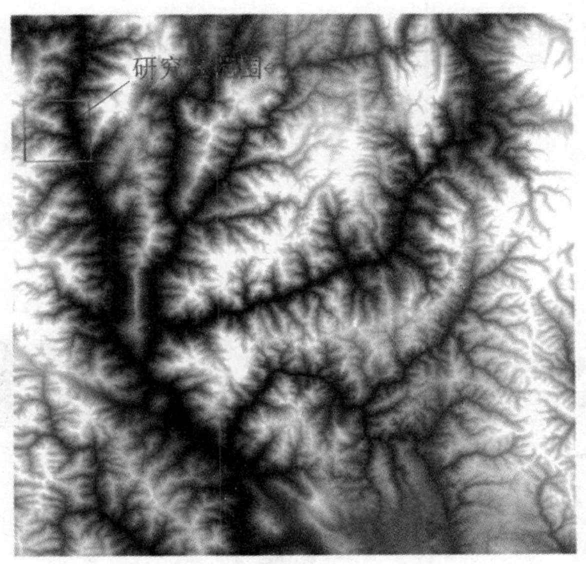

图 6. 37　手动绘制研究区范围

点击“SARscape”→“General Tools”→“Sample Selections”→“Sample Selection SAR Geometry Data”工具，打开“Sample Selection SAR Geometry Data”面板。

(1)数据输入(Input Files)项：点击“Browse”按钮，选择需要裁剪的两景数据的_VV_slc_list 文件，如图 6. 38 所示。

(2)可选文件(Optional Files)项：

矢量文件(Vector File)：选择上一步绘制生成的 daliyangbi. shp 矢量文件。

DEM 文件(DEM File)：当用坐标范围选择子区时，需要输入 DEM 数据，这里的范围是斜距范围，所以不用设置 DEM。

参考文件(Input Reference File)：选择绘制矢量的强度快视图_slc_list_pwr 数据作为参考文件。如图 6. 39 所示。

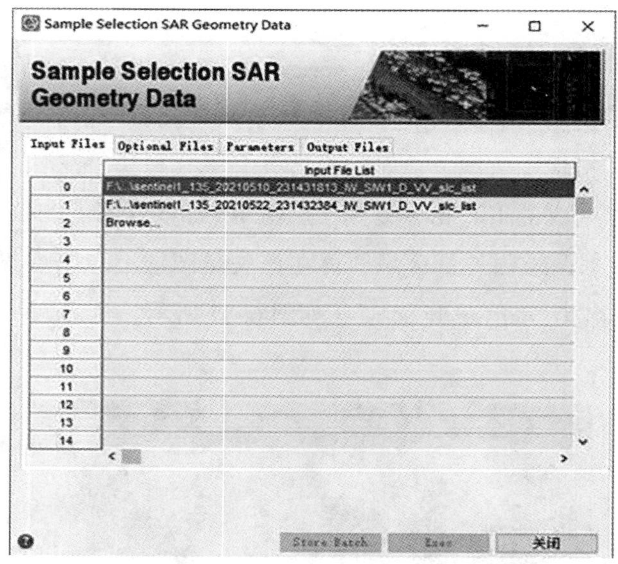

图 6.38　数据输入面板

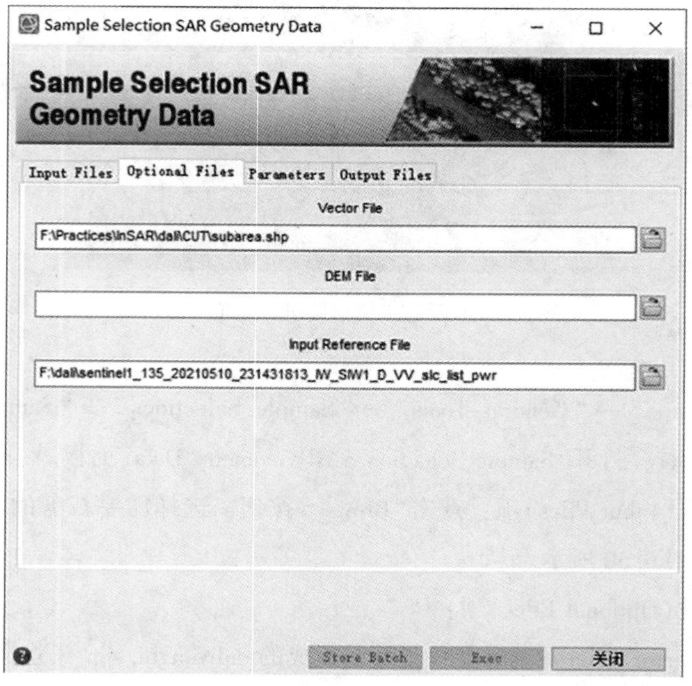

图 6.39　输入裁剪矢量范围及参考的强度数据

(3)参数(Parameters)项(图 6.40)：

配准(Make Coregistration)：False。不对输入的待裁剪的数据进行配准处理。

地理范围(Geographical Region)：False。选择“False”，代表输入的范围是斜距坐标下的范围。如果输入的矢量是地理坐标系，则选择“Ture”。

West/First Column：最西边/第一列的坐标。可输入地理坐标(经纬度格式如 29.30)，也可输入行列号。

North/First Row：最北边/第一行的坐标。可输入地理坐标(经纬度格式如 29.30)，也可输入行列号。

East/Last Column：最东边/最后一列的坐标。可输入地理坐标(经纬度格式如 29.30)，也可输入行列号。

South/Last Row：最南边/最后一行的坐标。可输入地理坐标(经纬度格式如 29.30)，也可输入行列号。

使用最大和最小坐标(Use Min and Max Coordinates)：False。利用输入的矢量文件的角点坐标进行裁剪时激活该项。

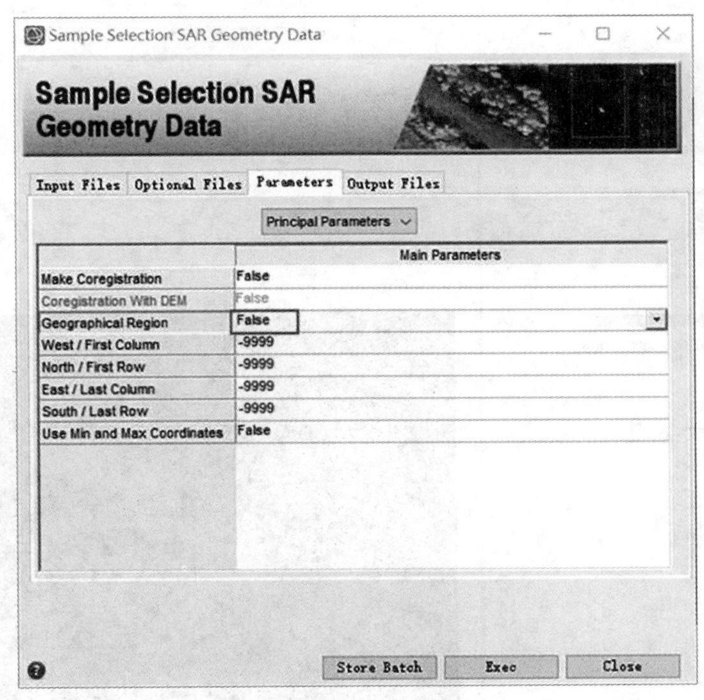

图 6.40　参数设置面板

(4)输出文件(Output Files)项：默认的文件名中添加了_cut。如图 6.41、图 6.42 所示。

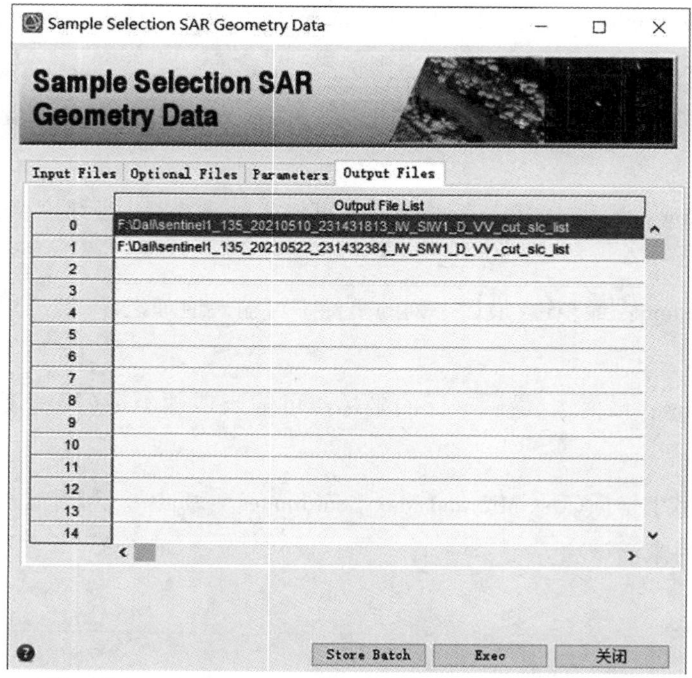

图 6.41　裁剪结果输出面板

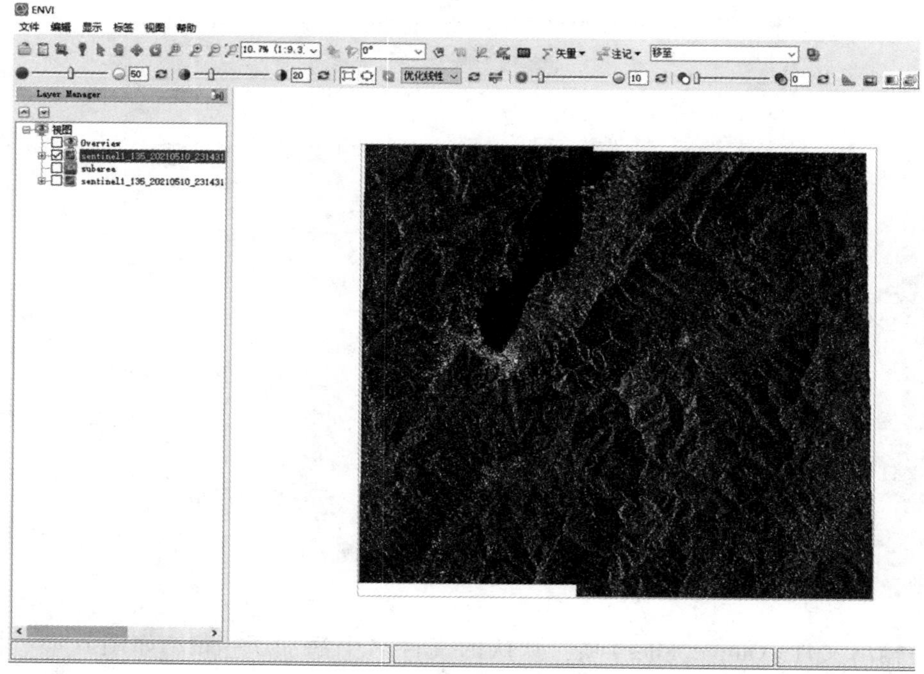

图 6.42　裁剪结果强度图

6.2.3 基线估计

打开“SARscape”→“Interferometry”→“Interferometric Tools”→“Baseline Estimation”，输入主从影像的_slc_list 文件，点击“Exec”(图 6.43)，输出基线估算的结果。

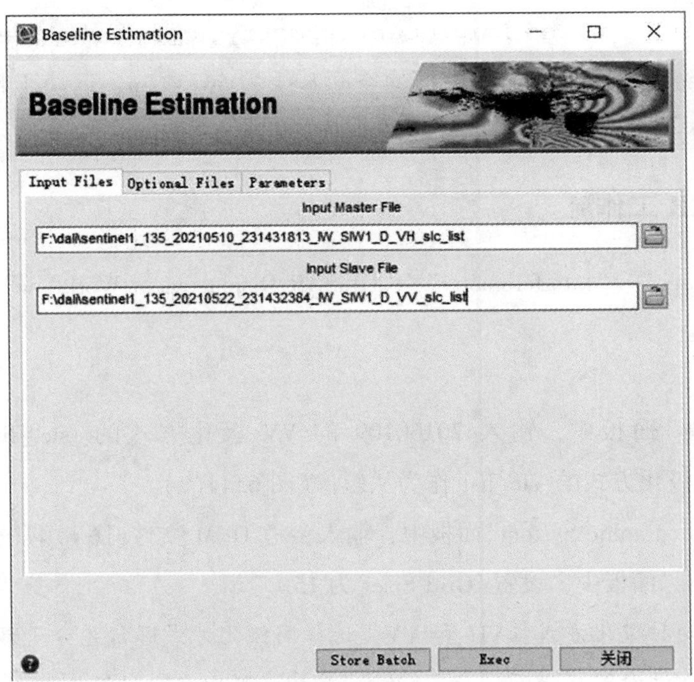

图 6.43 主从影像输入界面

基线估算结果：

Normal Baseline (m)= -56.397 Critical Baseline min-max(m)=

[-5040.545]-[5040.545]

Range Shift (pixels)= 17.612

Azimuth Shift (pixels)= -0.831

Slant Range Distance (m)= 824968.065

Absolute Time Baseline (Days)= 12

Doppler Centroid diff. (Hz)= -7.299 Critical min-max (Hz)=

[-486.486]-[486.486]

2 PI Ambiguity height (InSAR) (m)= 227.149

```
2 PI Ambiguity displacement (DInSAR) (m)= 0.028
1 Pixel Shift Ambiguity height (Stereo Radargrammetry) (m)= 19080.531
1 Pixel Shift Ambiguity displacement (Amplitude Tracking) (m)= 2.330
Master Incidence Angle=34.051 Absolute Incidence Angle difference
=0.004
Pair potentially suited for Interferometry, check the precision plot
```

基线估算的结果显示，这两景数据的空间基线为 56.397m，远小于临界基线 5040m，时间基线 12 天，一个相位变化周期代表的地形变化为 0.028m。

6.2.4　DInSAR 工作流

打开“SARscape”→“Interferometry”→“DInSAR Displacement Workflow”工具。

1. 文件输入

在“Input File”面板中，输入 20160109 的 VV 极化方式的_slc_list 作为主影像，20160214 的 VV 极化方式的_slc_list 作为从影像(图 6.44(a))；

在“DEM/Cartographic System”面板中，输入参考 DEM 文件(图 6.44(b))；

在“Parameters”面板中，设置“Grid Size”为 15。

注：数据有两种极化方式：VH 和 VV，选择同极化方式进行差分干涉处理。

输入的数据文件设置好之后，点击“Next”按钮，弹出自动计算视数的面板，算出来的视数为 4∶1，点击“确定”。

2. 干涉图生成

主要参数设置(图 6.45)：

距离向视数(Range Looks)：4。自动添加。

方位向视数(Azimuth Looks)：1。自动添加。

制图分辨率(Grid Size for Suggested Looks)：15。根据之前的设置自动添加。

配准时使用 DEM(Coregistration With DEM)：Ture。

全局参数(Global)：生成 TIFF 数据(Quick Look Format)：Ture，表示生成 TIFF 格式的中间结果，如果需要使用中间结果，如写文章的时候作为插图，可以设置为 True，其他步骤类似。

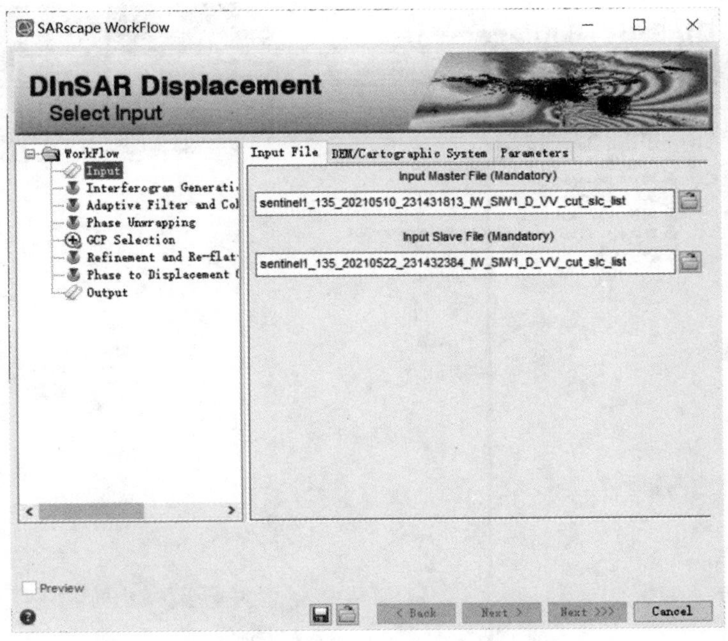

(a)

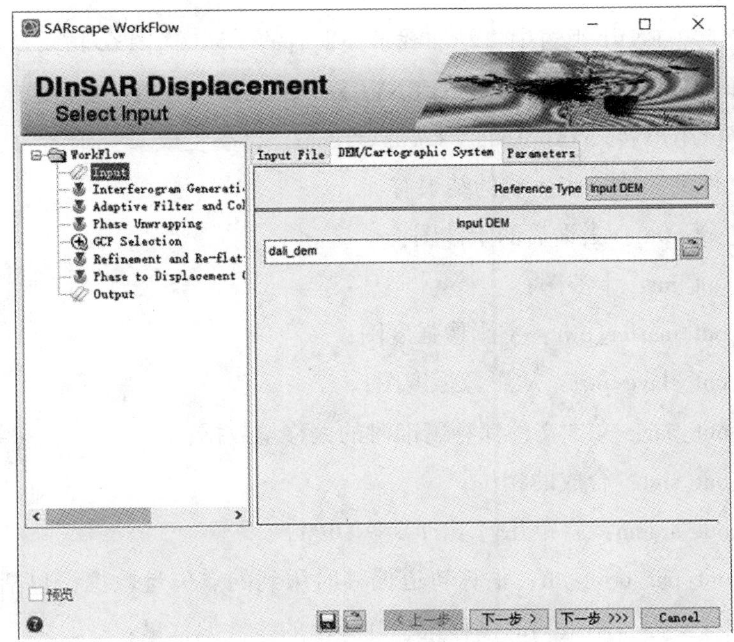

(b)

图 6.44 数据输入面板

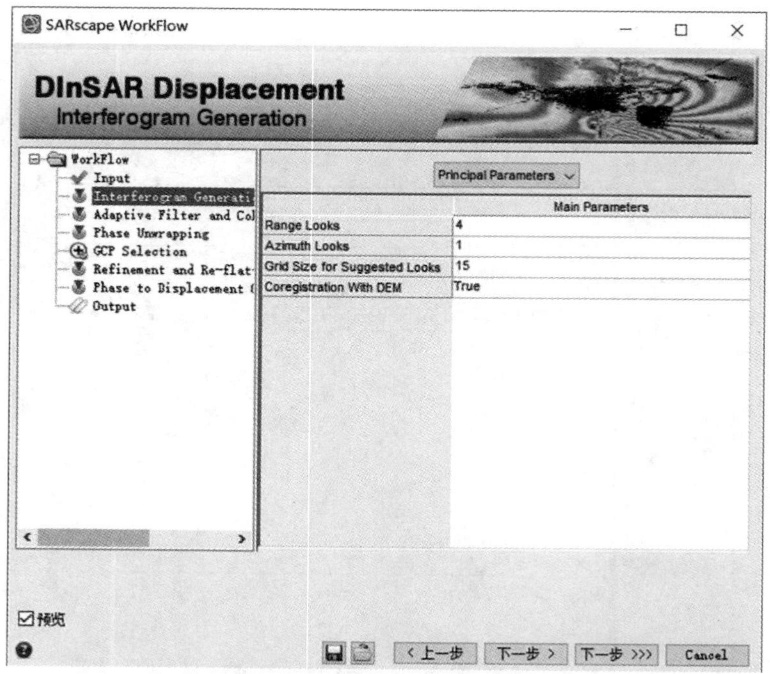

图 6.45　干涉图生成参数设置面板

处理完成之后，ENVI 视窗中自动加载了去平后的干涉图(图 6.46)，以及主从影像的强度图，这一步生成的数据结果存放在 ENVI 默认的临时文件路径下，默认路径为：C:\ Users \ <计算机用户名> \ AppData \ Local \ Temp，自动生成了一个名为 SARsTmpDirXXXXXXXXX 的文件夹，这一步生成的结果有：

①INTERF_out_dint：去平后的干涉图；

②INTERF_out_int：干涉图；

③INTERF_out_master_pwr：主影像强度图；

④INTERF_out_slave_pwr：从影像强度图；

⑤INTERF_out_par：文本文件保存配准时的偏移量数据；

⑥INTERF_out_sint：合成的相位；

⑦INTERF_out_srdem：斜距几何下的参考 DEM；

⑧INTERF_out_par_orbit_off：估算轨道偏移时用到的点矢量数据，包括在方位向和距离向上的点的位置坐标、测量到的偏移量、计算出的线性偏移量；

⑨INTERF_out_par_winCC_off：从强度数据的相差上估算交叉相关偏移量的点矢量数据，包含每个点上交叉相关的值(CC)，范围是 0~1；

⑩INTERF_out_par_winCoh_off：从相位数据的相差上估算相干性的点矢量数据，包含

信噪比(SNR)和相干性，相干性值的范围是 0~1。

图 6.46 去平后的干涉图_dint

（注：干涉图有残缺是因为它根据 DEM 范围进行了裁剪）

3. 滤波和相干性计算(Adaptive Filter and Coherenace Generation)

主要参数(Principal Parameters)包括(图 6.47)：

(1)滤波方法(Filtering Method)。Goldstein 提供了三种滤波方法：

①Adaptive，这种方法适用于高分辨率的数据(如 TerraSAR-X 或 COSMO-SkyMed)。

②Boxcar，使用局部干涉条纹的频率来优化滤波器，该方法尽可能地保留了微小的干涉条纹。

③Goldstein，这种滤波方法的滤波器是可变的，提高了干涉条纹的清晰度，减少了由空间基线或时间基线引起的失相干的噪声。这种方法是最常用的方法。

(2)全局参数(Global)。生成 TIFF 数据(Quick Look Format)：Ture，生成 TIFF 格式的中间结果。

可参考帮助设置参数获得更好的滤波效果，如：Goldstein Min/Max Alpha，它是应用于强度图的参数，是调整滤波强度的最重要参数。特别地，在相干性为 1 的情况下应用“Alpha 最小值”，而在相干性为 0 的情况下应用“Alpha 最大值”；在它们之间，Alpha 从最小值到最大值呈线性变化。Alpha(最小值和最大值)越高，过滤器平滑越强。

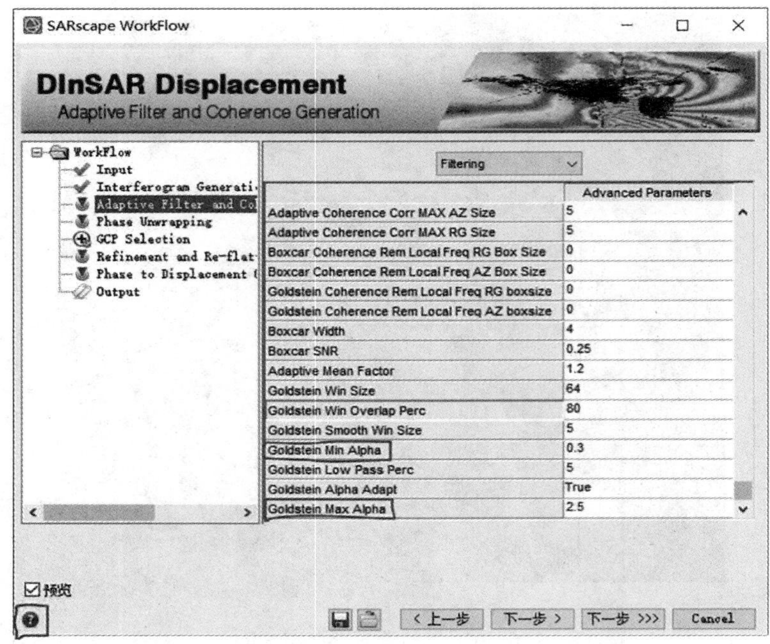

(a)

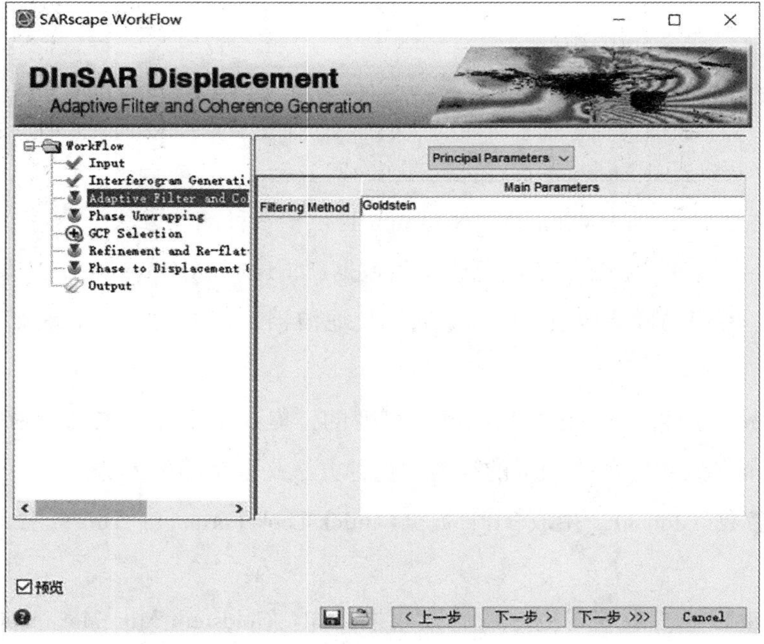

(b)

图 6.47　滤波和相干性生成参数设置面板

“Goldstein Max Alpha”应该在0.5(轻度过滤)和4(强过滤)之间变化；“Goldstein Min Alpha”应该在0.3(轻度过滤)和3(强过滤)之间变化。当改变这两个参数之一时，另一个必须线性修改。

点击“Next”按钮，进行干涉图滤波和相干性生成处理，处理完成后，自动加载滤波后的干涉图_fint 和相干性系数图_cc。这一步处理之后生成的结果有：

①INTERF_out _fint：滤波后的干涉图(图6.48(a))；

②INTERF_out _cc：相干性系数图(图6.48(b))。

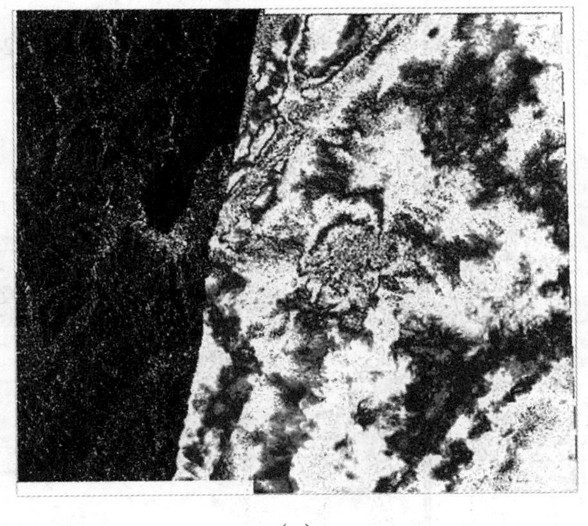

(a)

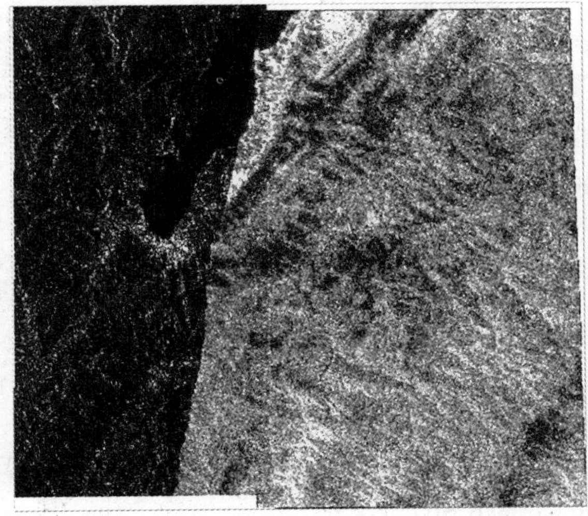

(b)

图6.48　滤波后的干涉图(a)和相干性系数图(b)

4. 相位解缠(Phase Unwrapping)

相位的变化是以 2π 为周期的，所以只要相位变化超过了 2π，相位就会重新开始和循环。相位解缠是对去平和滤波后的相位进行解缠处理，使之与线性变化的地形信息对应，解决 2π 模糊的问题。

主要参数(Principal Parameters)包括(图 6.49)：

(1)解缠方法(Unwrapping Method Type)：Minimum Cost Flow；

(2)解缠分解等级(Unwrapping Decomposition Level)：1；

(3)解缠最小相干性阈值(Unwrapping Coherence Threshold)：0.2。对相干系数大于该阈值的像元进行解缠。

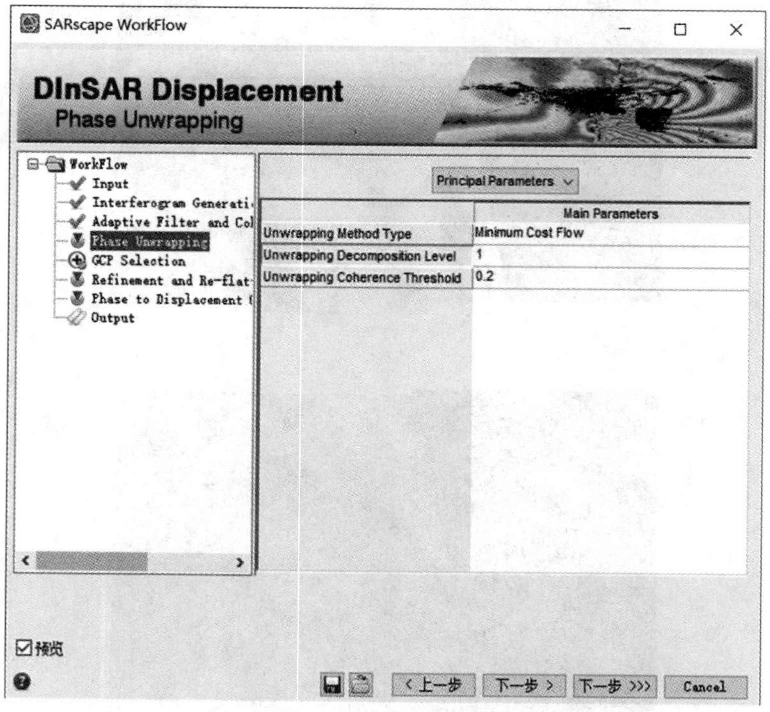

图 6.49　相位解缠参数设置面板

点击“Next”按钮，进行干涉图滤波和相干性生成处理，处理完成之后，自动加载滤波后的相位解缠结果图_upha(图 6.50)。

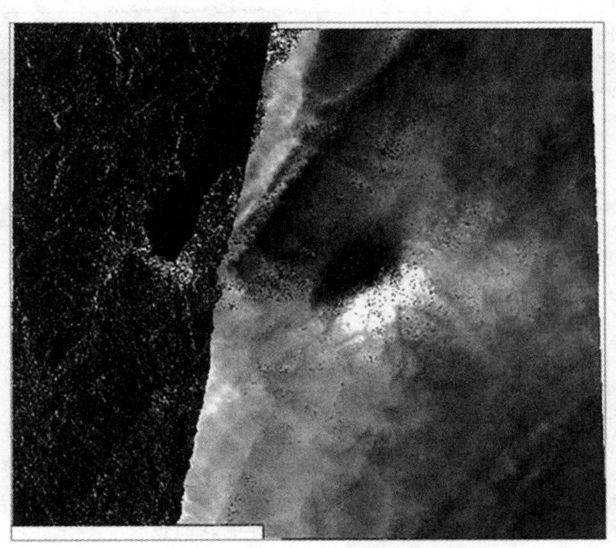

图 6.50 相位解缠结果

5. 控制点选择(GCP Selection)

输入用于轨道精炼的控制点文件，可以用已有的文件，也可在此选择控制点(图 6.51)。在“Refinement GCP File(Mandatory)”项中，点击按钮，自动打开流程化的控制点选择工具，软件自动输入了相应的文件。控制点的选择应遵循：

(1)优先在去平后的干涉图上(_dint 或_fint)选择控制点，避免在地形相位没有去除的区域和变化的区域(干涉条纹密集区域)选择控制点；

(2)选择相干性高的区域；

(3)远离形变区；

(4)避免解缠错误的区域，不能在解缠错误的相位跃变区域选择控制点(phase jump)，如相位孤岛等；

比较通俗地讲，GCP 要远离形变区，认为形变为 0，避免陡峭的地形区域和有残余地形相位区域，当为地形起伏大的山区时，最好选择山谷底部的平地区域。

在控制点生成面板上，点击“Next”按钮，打开控制点选择工具，鼠标变为选点状态，单击鼠标左键就可以选点。在图像周边远离形变区域的地方和相位好的地方选择若干控制点(图 6.52)。

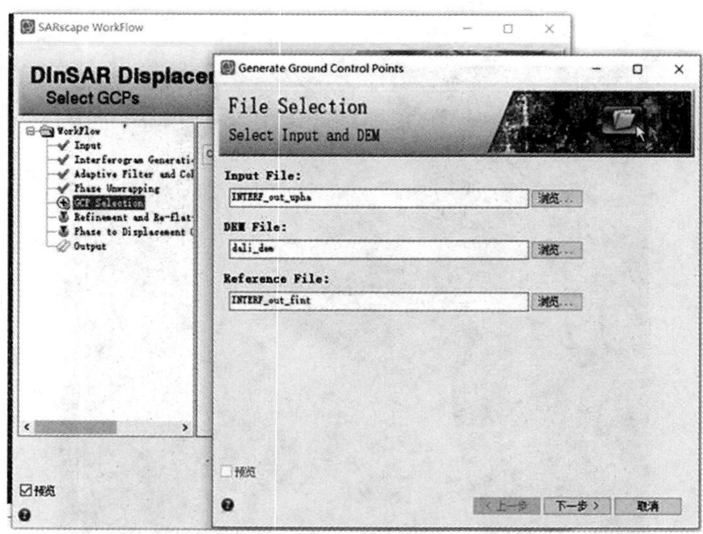

图 6.51　控制点选择输入面板

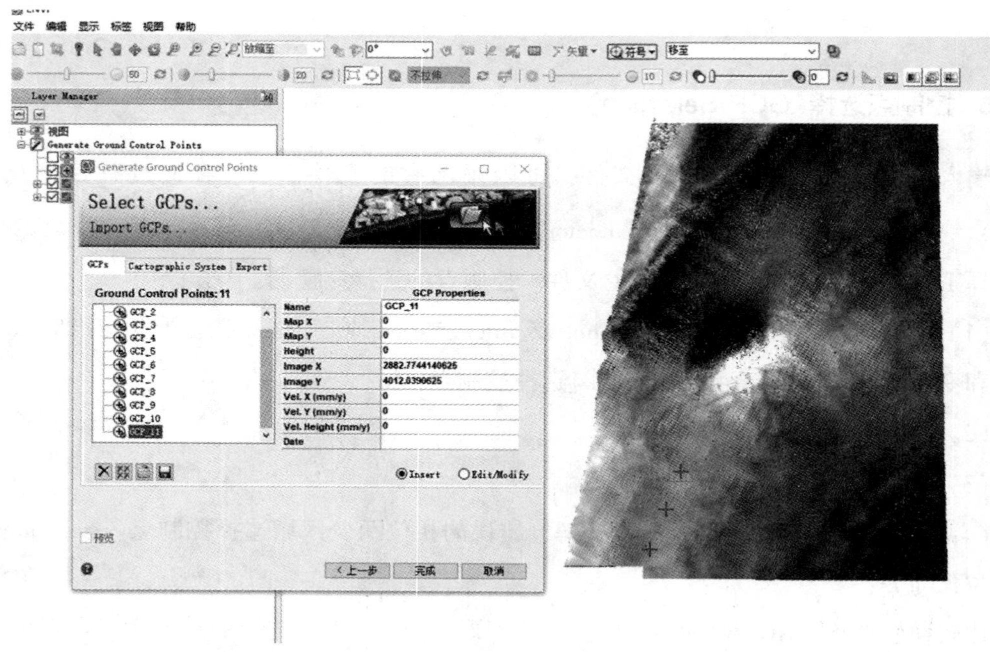

图 6.52　选择控制点

单击“Cartographic System”按钮，查看控制点的参考坐标系统，该坐标系是从参考 DEM 上自动读取的 WGS84 坐标系。

单击“Export”按钮，查看控制点的存放路径和文件名。生成的控制点文件为 INTERF_

out_upha_gcp.xml。

注：如果默认输出的路径有中文字符的文件夹或者文件名，需要改到只有英文字符的文件路径中。

在控制点生成面板上点击“Finish”，生成了控制点文件，并自动添加到 InSAR 流程化处理面板的“Refinement GCP File(Mandatory)”项中(图 6.53)。

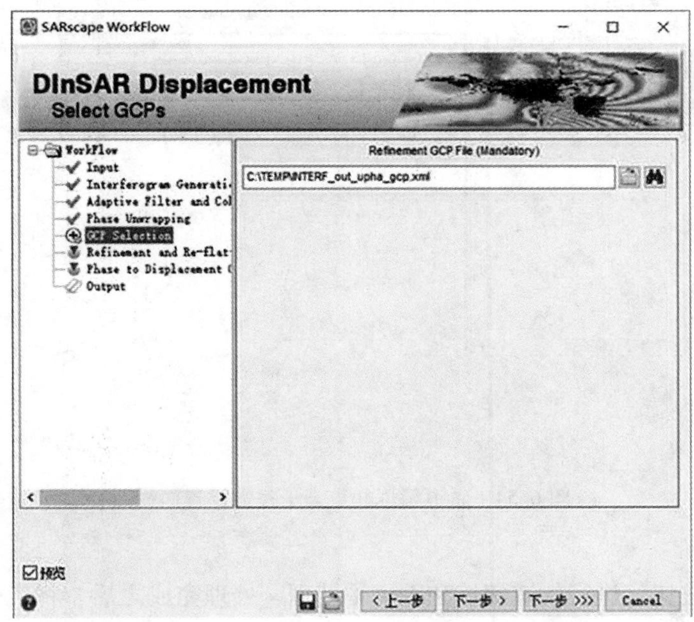

图 6.53　自动输入上一步生成的控制点文件

在面板上点击“Next”按钮，进入“下一步”。

6. 轨道精炼和重去平(Refinement and Reflattening)

进行轨道精炼和相位偏移的计算，消除可能的斜坡相位，对卫星轨道和相位偏移进行纠正。这一步对解缠后的相位是否能正确转化为形变值很关键。

主要参数(Principal Paremeters)包括(图 6.54)：

(1)轨道精炼方法(Refinement Method)：Automatic Refinement。

(2)轨道精炼的多项式次数(Refinement Res Phase Poly Degree)：3。在重去平过程中用到的估算相位斜坡的多项式次数，若输入的控制点个数较少，次数会自动降低。默认值为 3，表示原本在距离向和方位向上因相位偏移导致的相位斜坡会被修正，如果仅需要相位偏移校正，这个次数可以设置为 1。

(3)配准时是否考虑到地形因素(Coregistration With DEM)：Ture。默认参数，不需要用户设置。

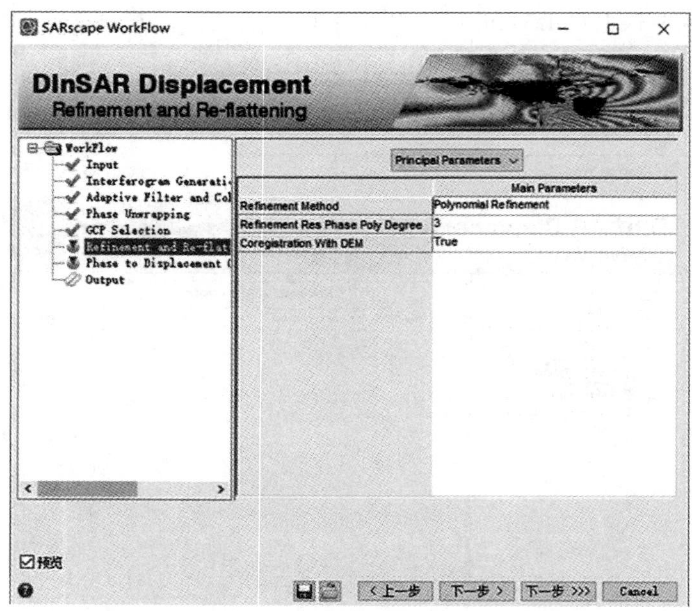

图 6.54　轨道精炼和重去平参数设置面板

点击“Next”按钮，进行轨道精炼和重去平处理，处理完成之后，将优化的结果显示在“Refinement Results”面板，内容如图 6.55 所示。

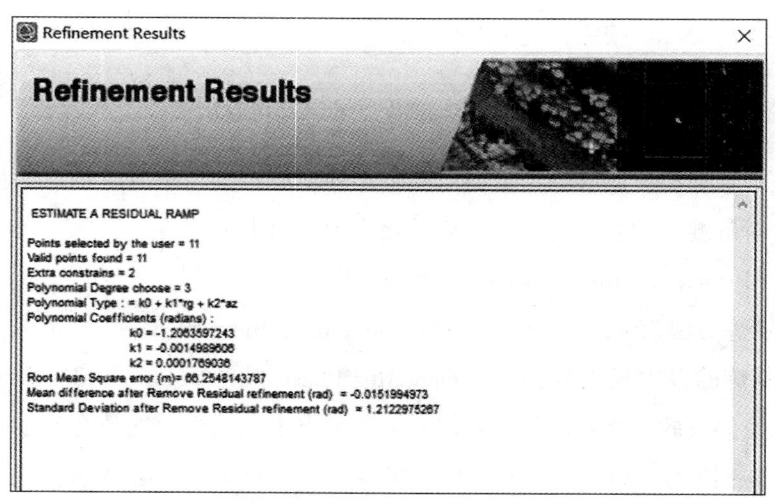

图 6.55　优化结果

7. 可选步骤：轨道精炼控制点的优化

在轨道精炼这一步，人工选择控制点的好坏对结果会产生影响，可以优化控制点，方法如下：

在 shp 图层单击鼠标右键选择“View”→“Edit Attributes”，打开属性表(图 6.56)，在 AbsResDiff 字段单击鼠标右键选择“Sort By Selected Column Reverse”进行排序。

记录下点号 SHP_ID(可以不关闭对话框)，然后在 InSAR 工作流中，点击“Back”，回到选择控制点这一步，加载进控制点，将误差大的几个点删除，再生成一次点文件，用同样的方法再进行一次轨道精炼。

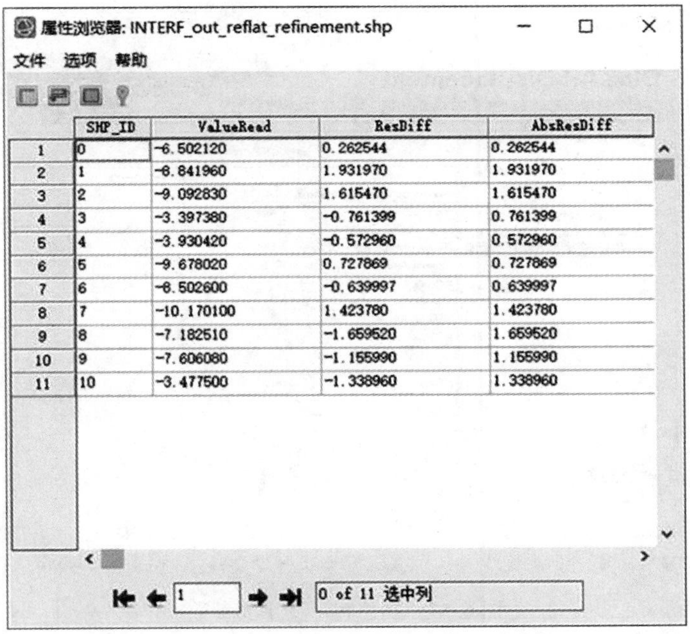

属性浏览器: INTERF_out_reflat_refinement.shp

文件　选项　帮助

	SHP_ID	ValueRead	ResDiff	AbsResDiff
1	0	-6.502120	0.262544	0.262544
2	1	-8.841960	1.931970	1.931970
3	2	-9.092830	1.615470	1.615470
4	3	-3.397380	-0.761399	0.761399
5	4	-3.930420	-0.572960	0.572960
6	5	-9.678020	0.727869	0.727869
7	6	-8.502600	-0.639997	0.639997
8	7	-10.170100	1.423780	1.423780
9	8	-7.182510	-1.659520	1.659520
10	9	-7.606080	-1.155990	1.155990
11	10	-3.477500	-1.338960	1.338960

1　0 of 11 选中列

图 6.56　查看属性表

8. 相位转形变以及地理编码(Phase to Displacement Conversion and Geocoding)

将经过绝对校准和解缠的相位结合合成相位，转换为形变数据以及地理编码到制图坐标系统，默认得到的是 LOS 方向的形变。

1)相位转形变参数

主要参数(Principal Parameters)包括(图 6.57)：

(1)相干性阈值(Product Coherence Threshold)：0.2。相干性大于该值的相位转为形

变值。

(2)垂直方向的形变(Vertical Displacement)：False。不计算垂直方向上的形变。

(3)斜坡形变(Slope Displacement)：False。不计算斜坡方向上的形变，在监测如滑坡形变的时候可激活该选项。

(4)用户自定义方向的形变(Displacement Custom Direction)：False。

(5)方位角(Azimuth Angle)：0。自定义方向的时候设置该角度。

(6)入射角(Inclination Angle)：0。自定义方向的时候设置该角度。

(7)X 方向上的水平分辨率(X Dimension(m))：15。*X* 方向的制图分辨率。

(8)Y 方向上的水平分辨率(Y Dimension(m))：15。*Y* 方向的制图分辨率。

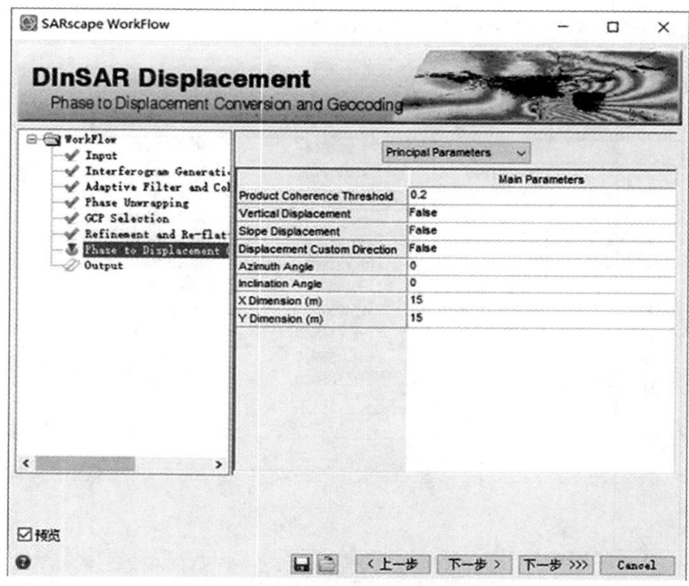

图 6.57　相位转形变主要参数

2)地理编码参数(Geocoding)(图 6.58)：去除图像外的无用值(Dummy Removal)：True。对图像外的区域做掩膜处理。

点击"Next"按钮，进行相位转形变和地理编码处理。相位转形变的结果如图 6.59 所示。地理编码的坐标系是以参考 DEM 的坐标系为准。这一步得到的结果有：

(1)_slc_out_disp_dem：重采样到制图输出分辨率上的参考 DEM 数据，经过地理编码，范围和输出的 SAR 产品一致。

(2)_slc_out_disp_cc_geo：地理编码的相干性系数图。

(3)_slc_out_disp_precision：数据质量的估算结果图，代表形变的精度。

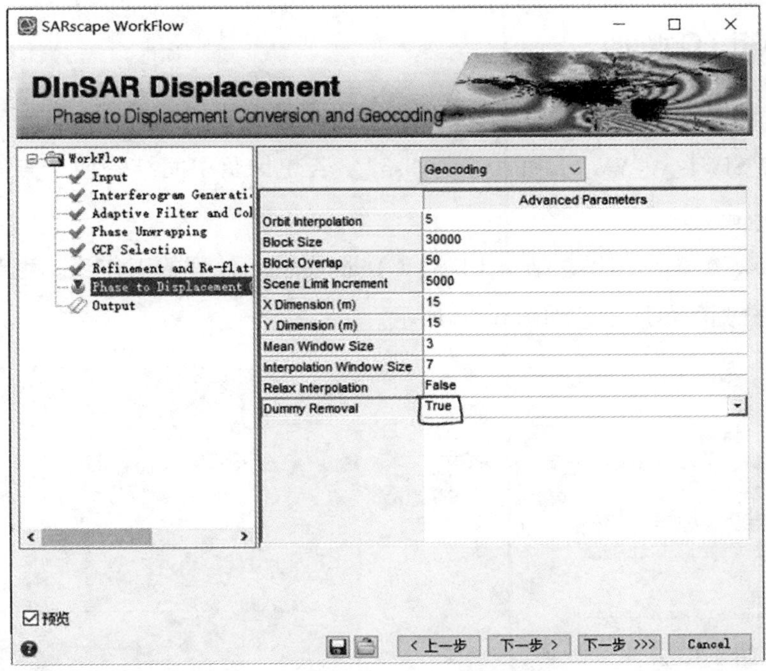

图 6.58 地理编码参数

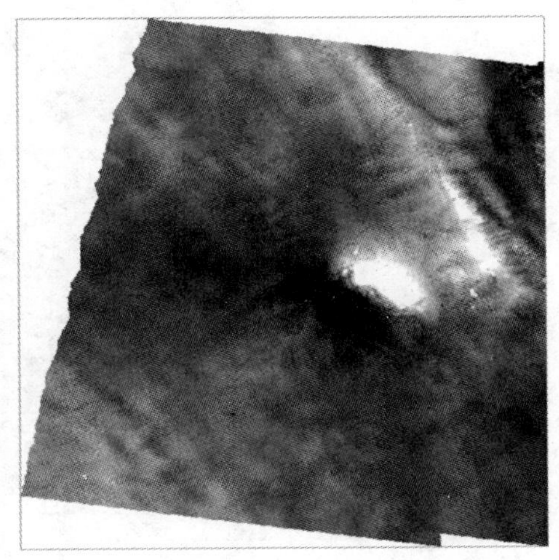

图 6.59 相位转形变的结果

(4)_slc_out_disp_ALOS：视线方位角，正值是正北的顺时针方向，负值是正北的逆时针方向。

(5)_slc_out_disp_ILOS：视线入射角，视线和水平面垂线的夹角。

(6)_slc_out_disp：传感器观测方向的形变，即 LOS 方向上的形变。

9. 结果输出(Output)

结果默认输出在 ENVI 的默认输出路径下，文件名命名为"sentinel1_69_20160109_100020274_IW_SIW1_A_VV_slc_list_out_disp"。若想保留中间结果便于查看，则不勾选"Delete Temporary Files"。

点击"Finish"，输出结果。结束 DInSAR Diaplcement 处理的工作流。生产的形变数据自动进行密度分割配色展示，如图 6.60 所示。

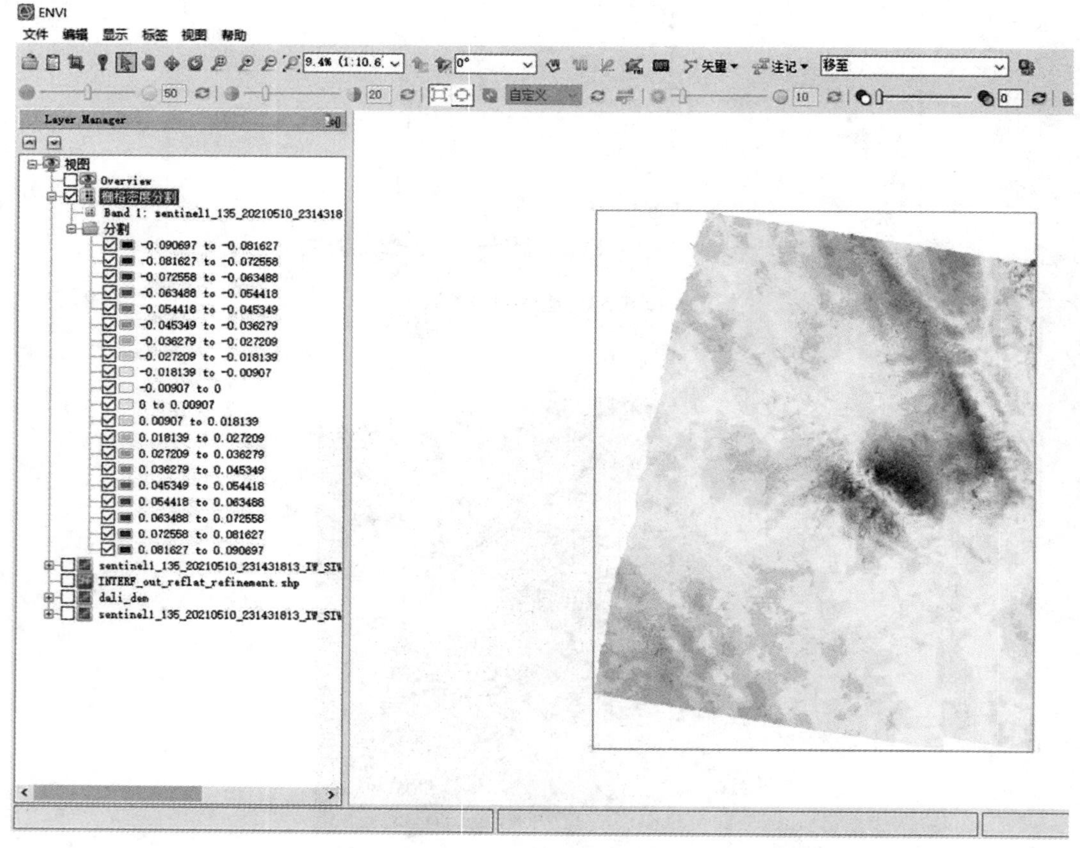

图 6.60　形变结果配色显示

注："Back"和"Next"按钮，可切换至中间某一步查看参数或调整参数进行重新处理。

6.2.5　结果分析

结果显示，本次地震发生的位置，导致了一个区域明显的抬升和下沉。

在结果密度分割图层 Slices 上单击鼠标右键选择“Export Color Slices”→“Class Image”，将密度分割结果保存为分类文件。

在工具栏中，“Annotations”下拉框中提供了很多的注记要素，包括图例、指北针、比例尺、公里网以及文字、图形、图像等元素，可以对结果进行制图输出。

6.3　利用 14 景 Sentinel 数据进行旭龙水电站区域的变形分析实验

6.3.1　SBAS-InSAR 基本原理

SBAS-InSAR 是一种基于短基线法的干涉测量技术，通过将所有的单视复数 SAR 影像自由组合生成干涉像对，根据预先设定的空间基线和时间基线临界值，筛选出合适的短基线干涉像对，然后逐个进行主从影像配准处理。

在此基础上，进行差分干涉流的转换，得到干涉相位结果，引入 SVD(奇异值矩阵)算法来解决矩阵秩亏的问题，从而计算出地面高程校正系数与地表形变速率，将大气效应等残余误差相位进行分离，最后反演出用户需要的地表形变信息。

选取出按时间序列分布的 $N+1$ 幅 SAR 影像，成像时间分别记为 t_0，t_1，…，t_N。根据 SAR 数据的特点，设定合适的最大时空基线阈值，选定超级主影像，并与剩下的 N 幅影像分别进行高精度几何配准，将小于基线长度界限的像对剔除，共得到 K 组处理结果。

假设共生成 M 个干涉图，则应满足：

$$\frac{N+1}{2} \leqslant M \leqslant \frac{N(N+1)}{2} \tag{6.6}$$

对每一个干涉图都进行了高精度相位解缠，并根据某个已确定的高相干像元 (x_0, r_0)，将生成的干涉相位进行校正处理，可得到时间序列向量：

$$\phi(t_i) = [\phi(t_1), \phi(t_2), \cdots, \phi(t_N)]^T \tag{6.7}$$

$$\delta\phi(t_k) = [\delta\phi(t_1), \delta\phi(t_2), \cdots, \delta\phi(t_M)]^T \tag{6.8}$$

式(6.7)和式(6.8)中，$\phi(t_i)$ 为 t_i 时刻对于初始的相位，$\delta\phi(t_k)$ 为差分干涉观测相位，T 为形变周期。

在差分干涉相位图中，有：

$$\delta\phi_k(x, r) = \phi(t_B, x, r) - \phi(t_A, x, r) \approx \frac{4\pi}{\lambda}[d(t_B, x, r) - d(t_A, x, r)] \tag{6.9}$$

式(6.9)中，(x, r) 为图中某一像元；λ 为雷达信号波长；$d(t_B, x, r)$ 和 $d(t_A, x, r)$ 为相对初始时刻的形变量。

设超级主影像和从影像序列分别为：

$$\mathrm{IE} = [\mathrm{IE}_1 \cdots \mathrm{IE}_M],\ \mathrm{IS} = [\mathrm{IS}_1 \cdots \mathrm{IS}_M] \text{ 且 } \mathrm{IE}_k > \mathrm{IS}_K,\ \forall K = 1, \cdots, M$$

则所有主从影像干涉相位：

$$\delta\phi_k = \phi(t_{\mathrm{IE}_k}) - \phi(t_{\mathrm{IS}_k}),\ \forall k = 1, \cdots, M \tag{6.10}$$

设 $\boldsymbol{A}$ 矩阵为 $M \times N$，式(6.9)即可转化为：

$$\boldsymbol{A}\phi = \delta\phi \tag{6.11}$$

令 $\delta\phi_1 = \phi_4 - \phi_1$，$\delta\phi_2 = \phi_5 - \phi_2$，…，$\delta\phi_M = \phi_N - \phi_{N-3}$.

$\boldsymbol{A}$ 矩阵可简化为：

$$\boldsymbol{A} = \begin{bmatrix} -1 & 0 & 0 & 1 & 0 & \cdots & 0 & 0 & 0 & 0 \\ 0 & -1 & 0 & 0 & 1 & \cdots & 0 & 0 & 0 & 0 \\ \vdots & \vdots & \vdots & \vdots & \vdots & \vdots & \vdots & \vdots & \vdots & \vdots \\ 0 & 0 & 0 & 0 & 0 & \cdots & -1 & 1 & 0 & 1 \end{bmatrix} \tag{6.12}$$

$\boldsymbol{A}$ 矩阵由差分干涉图决定，当基线子集为 1 时，$M \gg N$，则：

$$\boldsymbol{A} = \boldsymbol{USV}^{\mathrm{T}} \tag{6.13}$$

式(6.13)中，$\boldsymbol{U}$ 和 $\boldsymbol{V}$ 都为 $M \times N$ 正交矩阵；

$\boldsymbol{S}$ 可表示为：

$$\boldsymbol{S} = \begin{bmatrix} D \\ \\ \end{bmatrix} = \begin{bmatrix} \sigma_1 & & & \\ & \sigma_2 & & \\ & & \ddots & \\ & & & \sigma_r \end{bmatrix} \tag{6.14}$$

通过最小二乘法可得出干涉相位差的估算值：

$$\hat{\phi} = \boldsymbol{A}^{+}\delta\phi \quad \boldsymbol{A}^{+} = \boldsymbol{VS}^{+}\boldsymbol{U}^{+} \tag{6.15}$$

式(6.15)中，$\boldsymbol{A}^{+}$，$\boldsymbol{S}^{+}$，$\boldsymbol{U}^{+}$分别为矩阵 $\boldsymbol{A}$，$\boldsymbol{S}$，$\boldsymbol{U}$ 的广义逆矩阵。

可转换为：

$$\hat{\phi} = \sum_{i=1}^{N-L+1} \frac{\delta\phi^{T}\boldsymbol{u}_i}{\delta_i}\boldsymbol{v}_i \tag{6.16}$$

式(6.16)中，$\boldsymbol{u}_i$ 和 $\boldsymbol{v}_i$ 分别为 $\boldsymbol{U}$ 和 $\boldsymbol{V}$ 的列向量。

在形变周期内，相邻像元沿视线方向的相位平均速率：

$$v^{T} = \left[v_1 = \frac{\phi_1}{t_1 - t_0},\ \cdots,\ v_N = \frac{\phi_N - \phi_{N-1}}{t_N - t_{N-1}} \right] \tag{6.17}$$

转换可得：

$$\sum_{k=\mathrm{IS}_k+1}^{\mathrm{IE}_k}(t_i - t_{i-1})v_k = \delta\phi_k \tag{6.18}$$

即

$$BV = \delta\phi \tag{6.19}$$

将 B 进行 SVD 分解，就能够得到地表形变周期内的累计形变量。

6.3.2 处理流程

SBAS-InSAR 的处理流程如图 6.61 所示。

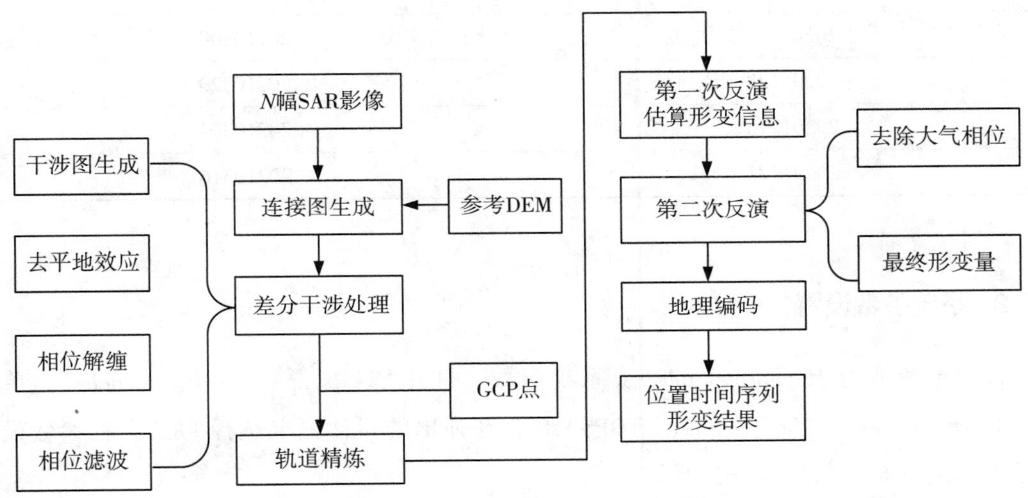

图 6.61 SBAS-InSAR 的处理流程图

(1)在所有的 SLC 数据中选取超级主影像，通过时空基线长度的计算筛选出满足要求的干涉相对。

(2)对主从影像数据采用高精度的几何配准，基于参考高程 DEM 分别与每一幅干涉图采取差分干涉处理。

(3) 轨道精炼和重去平，用来分离出干涉处理后残留的稳定相位以及相位中的固有坡度。

(4)通过最小二乘法和奇异值分解，来估算出残余地形以及地形形变速率。这一步也包括了干涉处理流，生成了更优化的结果。

(5)在前面流程的基础上，通过大气相位去除，以获取更精确的形变测量值，本节采取的是空间低通滤波和时间高通滤波相结合的方法。

1. 数据源

Sentinel1A slc 数据，IW 模式，入射角 43.7°，VV 极化方式，整景数据覆盖旭龙水电站以及周边部分地区。时相如表 6.12 所示。

表 6.12　　**Sentinel1A slc 数据**

20201011	20210103
20201023	20210115
20201104	20210127
20201116	20210208
20201128	20210220
20201210	20210304
20201222	20210316

2. 系统参数设置

首先选择适用于 Sentinel 的一套系统参数。打开“SARscape”→“Preferences”，单击“Load Preferences”，选择“Sentinel TOPSAR”，在弹出的对话框上选择“是”。在参数设置面板上点击“OK”，如图 6.62 所示。

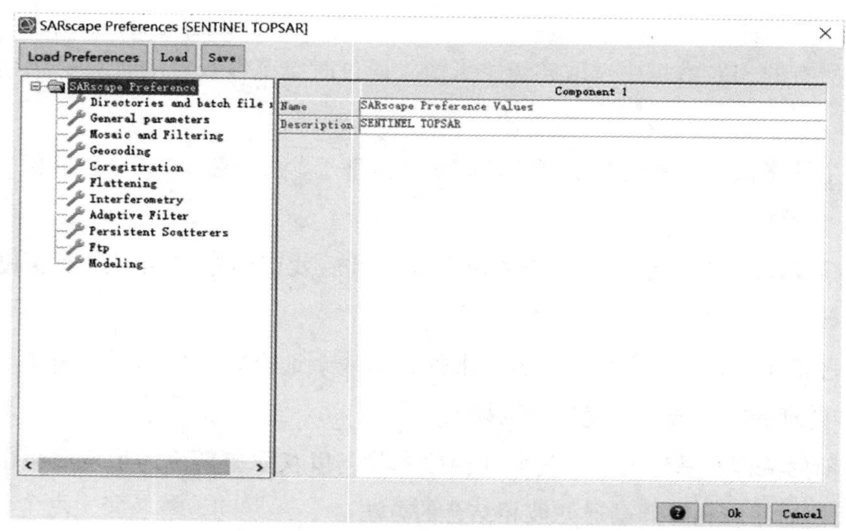

图 6.62　选择 Sentinel 数据的系统参数

3. 数据导入

将网站下载的数据解压，打开数据导入工具“SARscape”→“Import Data”→“SAR Spaceborne”→“SENTINEL 1”，在“Input File List”中分别输入 20 景 Sentinel 1A 数据的元数据文件 manifest. safe。如图 6. 63 所示。

Optional Input Orbit File List：按照数据输入顺序依次选择提前下载好的轨道文件输入。

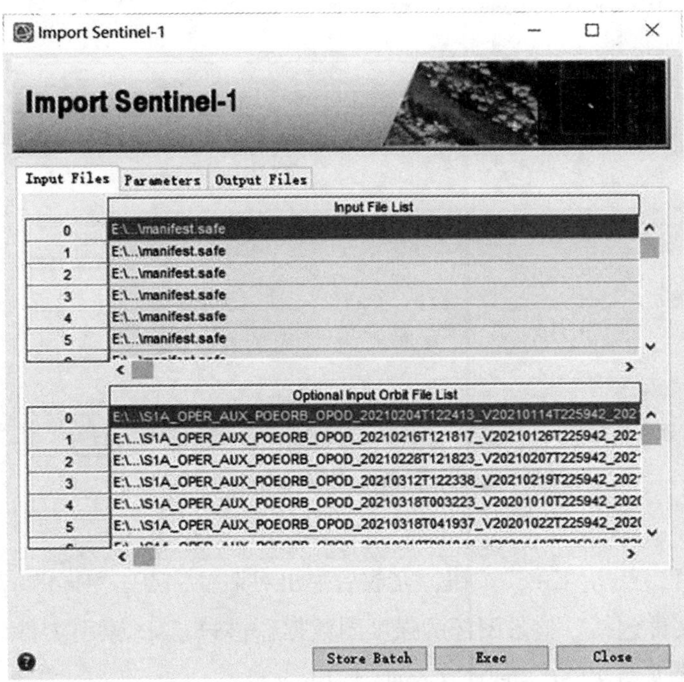

图 6. 63　输入数据面板

4. 参数设置

切换到“Parameters”面板，选择输出数据命名。

Rename the File Using Parameters：True，对输出的数据自动按照数据类型进行命名。如图 6. 64 所示。

5. 输出设置

之前设置过默认的输出路径，这里直接按照默认设置即可，如果要修改输出路径，在数据输出路径上单击右键，选择“Change Output Directries”。

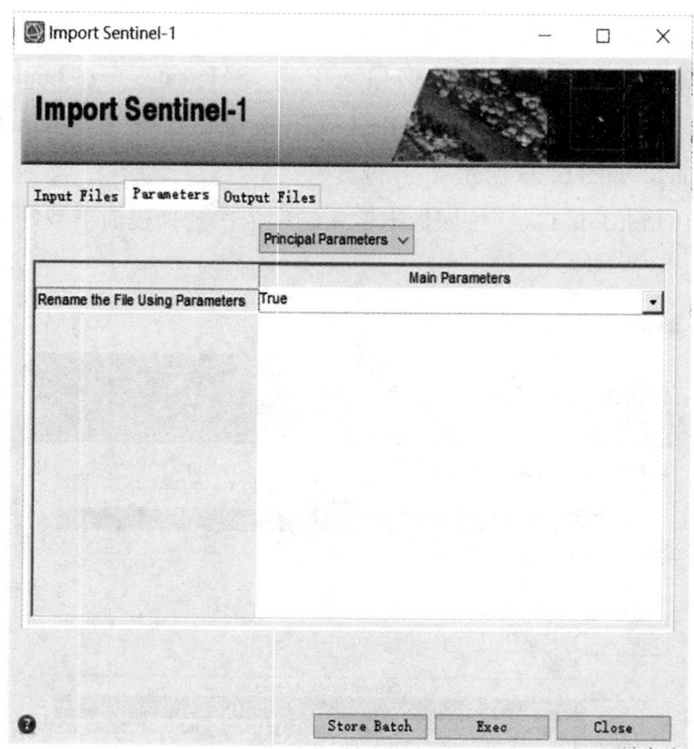

图 6.64　数据导入参数设置

设置好参数后，点击"Exec"按钮，完成后弹出对话框，点击"End"。

输出的数据文件包括：整景图像的强度图数据(_pwr)、slc 索引文件(.slc_list)、带有地理坐标的外边框矢量文件(.shp)、Google Earth 文件(.kml)。

6. 研究区确定

下面介绍如何由导入的 SAR 数据绘制得到旭龙水电站的工程区范围。

(注：如果提前有工程区矢量文件，直接裁剪数据即可。)

(1)对强度数据进行地理编码，作为绘制工程区的参考图。

步骤：打开工具"SARscape"→"Basic"→"Intensity Processing"→"Geocoding"→"Geocoding and Radiometric Calibration"。在数据输入(Input Files)面板中，选择导入后生成的第一景_pwr 数据。如图 6.65 所示。

(注：选择其中一景强度数据就可以。)

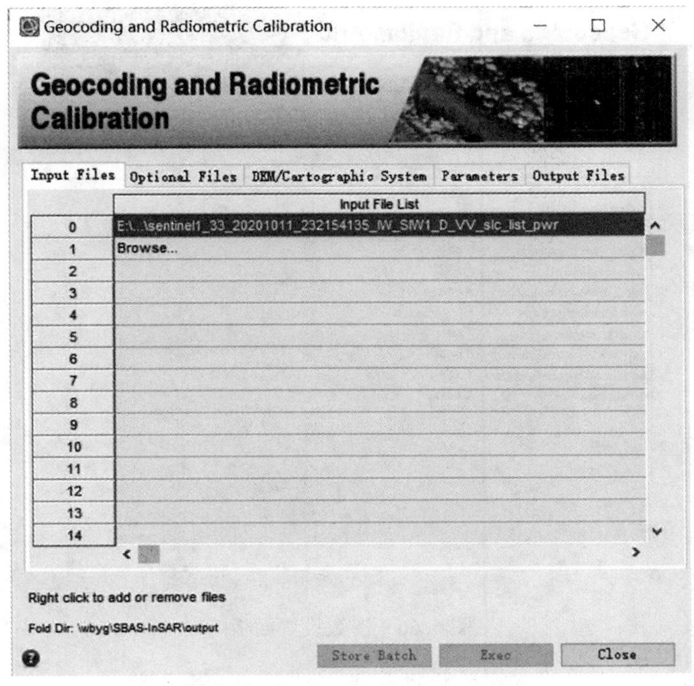

图 6.65　输入一景导入后的强度数据

在可选文件(Optional Files)面板中，“Geometry GCP File”和“Area File”这两个文件是可选项，这里不使用这两个文件。

在投影参数(DEM/Cartographic System)面板中，输入准备好的参考 DEM 文件。

注：若输入 DEM 数据，最后输出结果默认以 DEM 投影参数为准，如果不输入 DEM 数据，则需要设置“Output Projection”。

在参数设置(Parameters)面板中，主要参数(Principal Parameters)的设置如下(图 6.66)：

像元大小(X Grid Size)：15；

像元大小(Y Grid Size)：15；

辐射定标(Radiometric Calibration)：False；

局部入射角校正(Local Incidence Angle)：False；

叠掩/阴影处理(Layover/Shadow)：False；

生成原始几何(Additional Original Geometry)：False；

输出类型(Output Type)：Linear。

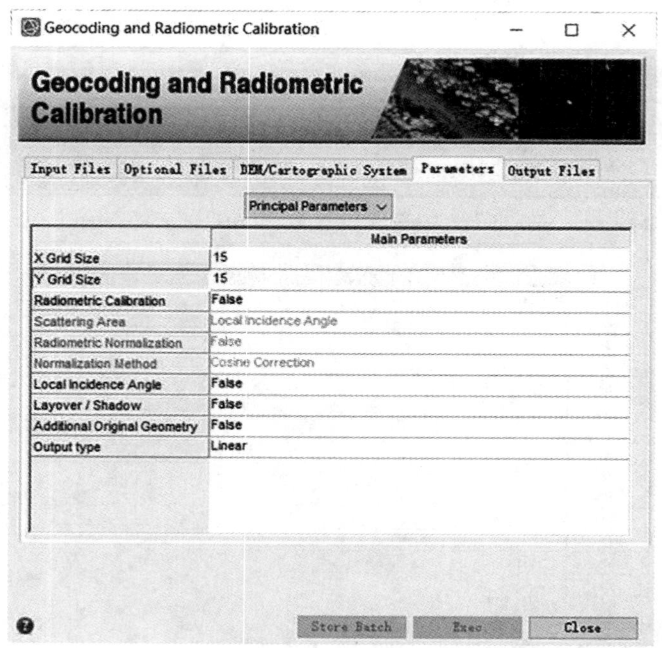

图 6.66　参数设置面板

在“Output Files”面板中，输出路径和文件名按照默认设置，自动添加了_geo 后缀。点击“Exec”按钮，结束后在 ENVI 中加载显示地理编码的结果文件。

(2)目视在地理编码的 SAR 强度图上找到旭龙水电站的位置，也可直接打开地理编码得到的 _pwr_geo_ql. kml 文件，将强度图叠加到 Google Earth 上，找到旭龙水电站的位置。

(3)在 ENVI 主菜单中点击“New”→“Vector Layer”，在对话框中选择地理编码的结果为“Source Data”，其他默认，点击“OK”。如图 6.67 所示。

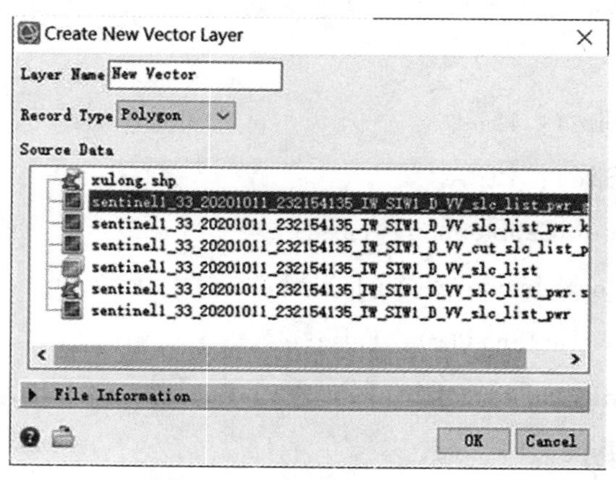

图 6.67　选择要绘制矢量文件的源数据

(4)点击鼠标左键，在强度图上绘制旭龙水电站范围，绘制结束后右键点击"Accept"，在矢量图层上点击右键，选择"Save as"，选择输出路径设置文件名，输出 xulong. shp。

7. 研究区裁剪

利用上一步得到的旭龙水电站矢量文件，对 14 景导入的数据进行裁剪。步骤：打开工具"SARscape"→"General Tools"→"Sample Selections"→"Sample Selection SAR Geometry Data"工具。如图 6.68 所示。

数据输入(Input Files)项：点击"Browse"按钮，选择第一步导入得到的所有数据的_VV_slc_list 文件。

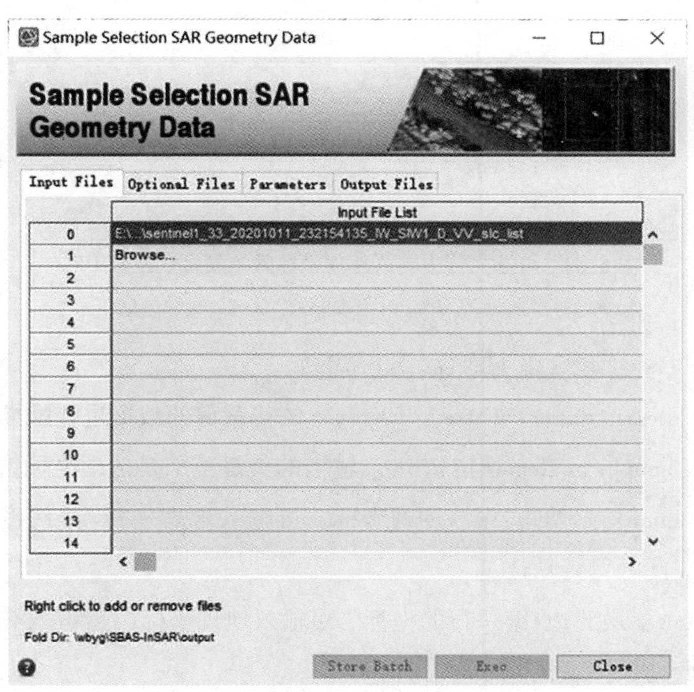

图 6.68　输入待裁剪的数据

可选文件(Optional File)项包含以下文件(图 6.69)：

矢量文件(Vector File)：选择上一步得到的 xulong. shp 矢量文件。

DEM 文件(DEM File)：选择参考 DEM。

参考文件(Input Reference File)：不输入。

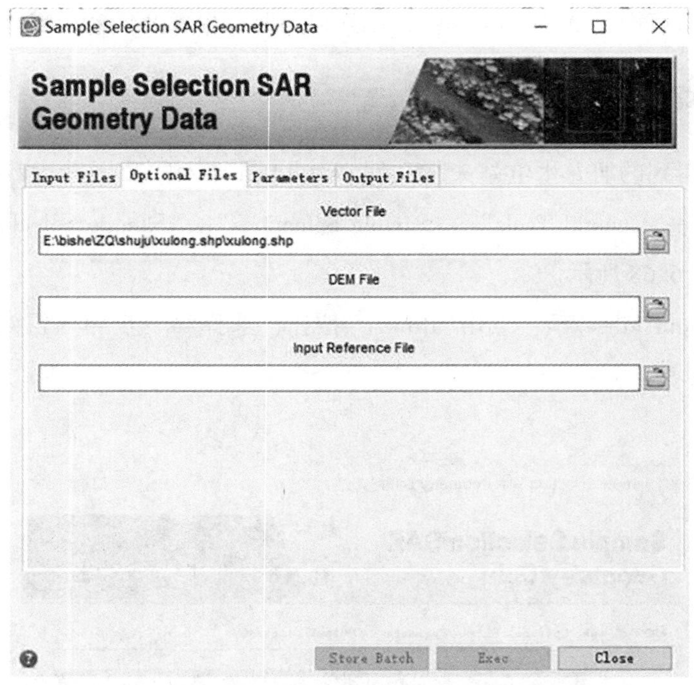

图 6.69　可选文件中输入地理坐标系的矢量数据和 DEM

参数(Parameters)项包含以下内容(图 6.70)：

配准(Make Coregistration)：False。不对输入的待裁剪的数据进行配准处理。

地理范围(Geographical Region)：True。输入的矢量范围是地理坐标系的数据。

West/First Column：最西边/第一列的坐标。可输入地理坐标(经纬度格式如 29.30)，也可输入行列号，此处保持默认。

North/First Row：最北边/第一行的坐标。可输入地理坐标(经纬度格式如 29.30)，也可输入行列号，此处保持默认。

East/Last Column：最东边/最后一列的坐标。可输入地理坐标(经纬度格式如 29.30)，也可输入行列号，此处保持默认。

South/Last Row：最南边/最后一行的坐标。可输入地理坐标(经纬度格式如 29.30)，也可输入行列号，此处保持默认。

使用最大和最小坐标(Use Min and Max Coordinates)：False。利用输入的矢量文件的角点坐标进行裁剪时激活该项。

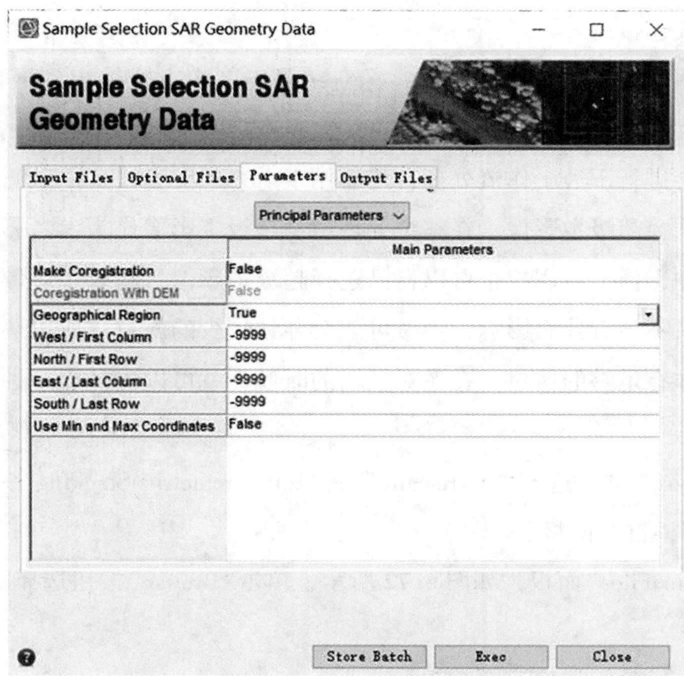

图 6.70　裁剪参数设置面板

输出文件(Output Files)项：默认的文件名中添加了_cut。裁剪结果如图 6.71 所示。

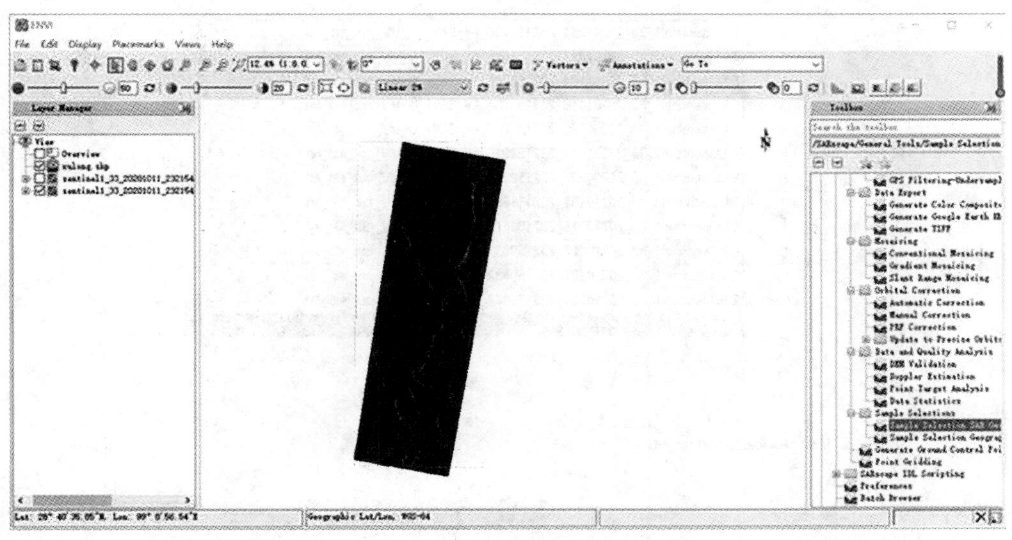

图 6.71　裁剪结果

接下来对裁剪后的 Sentinel 影像进行 SBAS-InSAR 处理。

第一步：生成连接图。

对输入的数据进行干涉像对的配对，像对结果以图表方式输出到屏幕，输入 N 景数据，能得到的最大配对数是 $(N\cdot(N-1))/2$，生成连接图工具会选择最优的组合方式进行配对。这些像对会进行干涉工作流处理，然后用于 SBAS 反演。

程序会自动选择超级主影像，在整个处理中，超级主影像作为参考影像，所有的像对都会配准到超级主影像上。用户也可以自己选择超级主影像，超级主影像的选择也不是很严格，因为对结果不会有什么影响，不过可能会导致较少的配对，所以还是建议自动选择超级主影像，这样有足够的像对，在像对编辑的时候，就可以去掉相干性小的像对。具体操作步骤如下：

(1)在“Toolbox”中，选择“SARscape”→“Interferometric Stacking”→“SBAS”→“1-Connection Graph”，打开面板。

(2)单击“Input Files”面板，如图 6.72 所示，单击“Browse”按钮选择所有的 SLC 数据。

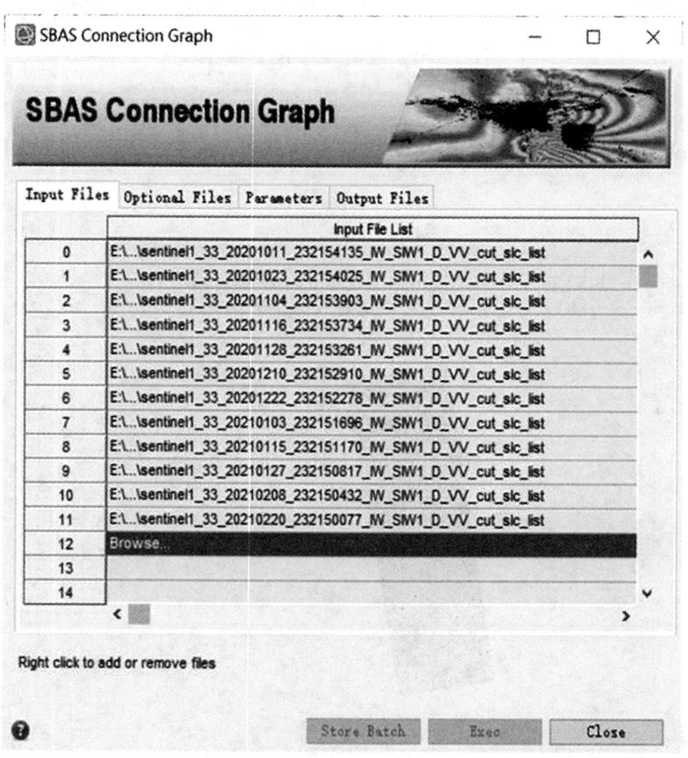

图 6.72　输入数据

(3)单击“Optional Files”面板，不设置，让程序自动选择。

(4)单击“Parameters”面板，选择“Principal Parameters”，设置以下参数(图 6.73)：

Min Normal Baseline (%)：0，临界基线最小百分比。

Max Normal Baseline (%)：2，临界基线最大百分比。

提示：建议把空间和时间基线阈值调大一些，最大临界基线推荐值为 45%~50%，主要依赖传感器类型和经验，目的是避免完全空间失相关。

Min Temporal Baseline：0，最小时间基线。

Max Temporal Baseline：180，最大时间基线。

Allow Disconnected Blocks：False，不允许孤立的像对连接。

Delaunay 3D：False，不做 3D 解缠。

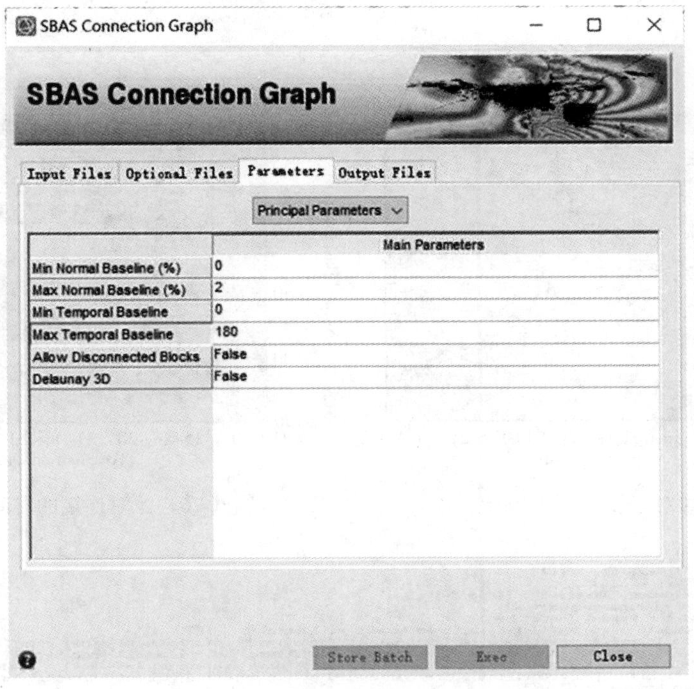

图 6.73 连接图生成参数面板

(5)单击“Output Files”面板，选择输出路径和文件根名称，如这里输出文件根名称为“xulong”，软件会自动添加 SBAS 等标识，如图 6.74 所示。

单击“Exec”按钮，出现如图 6.75~图 6.77 所示结果。

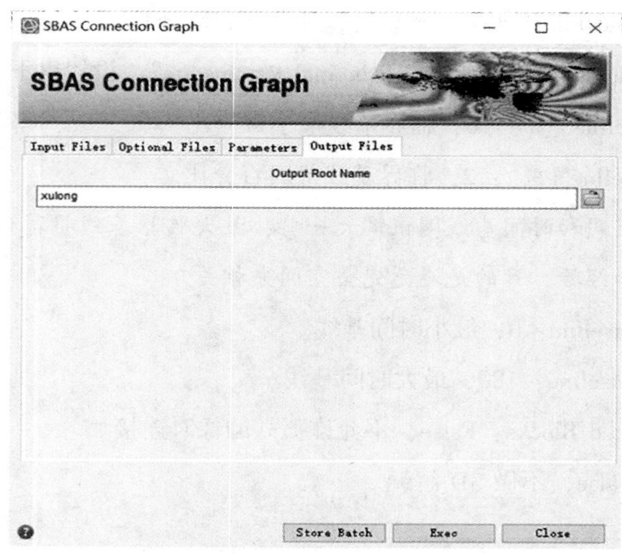

图 6.74　输出结果

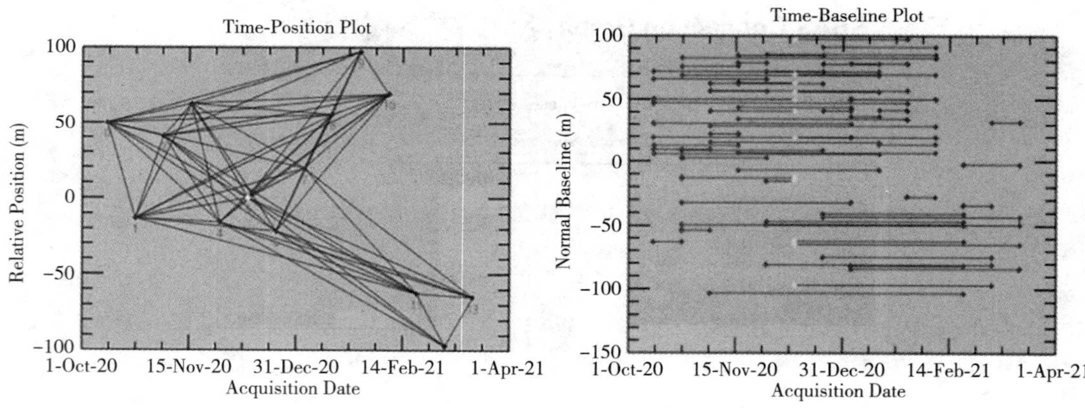

图 6.75　像对连接的空间基线情况

图 6.76　像对连接的时间基线情况

```
Number of pair to analyze : [64]
4 Pi Lambda : [226.561]
Max Doppler Difference Admitted : [4864.86]
Force disconnected blocks : [NotOK]
Disconnected blocks type : [undefined]
Remove LP components using wavelet size (only models with height) : [0]
Model Type first inversion:  estimate residual height [undefined], displacement model type [undefined]
Model Type second inversion: estimate residual height [undefined], displacement model type [undefined]
Periodical model params: Period : [undefined], Offset first date (refers to 1-1-2000) : [undefined]
Previous valid report : [CG_report.txt], previous valid entire report : [CG_entire_report.txt]
Incremental mode active : [NotOK]
Automatic connection graph editing active on additional pairs only : [NotOK]
Mean Absolute Normal Baseline found : [49.9246]
Max Absolute Normal Baseline found : [103.173]
Min Absolute Normal Baseline found : [7.06219]
Max Critical Baseline Percentage admitted (used by incremental process) : [2]
Min Critical Baseline Percentage admitted (used by incremental process) : [0]
Mean Absolute Temporal Baseline found: [54.1875]
Max Temporal Baseline found : [120]
Min Temporal Baseline found : [12]
Max Temporal Baseline admitted (used by incremental process) : [120]
Min Temporal Baseline admitted (used by incremental process) : [0]
Mean Number of Connection per image : [9.14286] Suggested [5]
Max Number of Connection per image : [12]
Min Number of Connection per image : [5]
degree of redundancy: [low]
Criteria : [min_temporal], min number of link per image : [10]
All Pairs are forced to be increase time sense : [NotOK]
Range looks (used by incremental process) : [0]
Azimuth looks (used by incremental process) : [0]
Entire graph size N*(N-1)/2 [91]
*Delaunay triangulation done:   [NotOK]
```

图 6.77　小基线数据集干涉像对组合结果

可以查看这些像对是否符合要求，因为此次处理设置的条件比较严格，在小基线集组合设置阈值时，一般将空间基线的阈值设置为临界基线的 1/3，而在本次处理中，空间基线阈值为临界基线的 2%，其阈值较小，所以链接的这 64 组数据全部符合干涉处理要求。

第二步：干涉工作流。

对所有配对的干涉像对进行干涉处理，包括干涉图生成、干涉图去平、自适应滤波和相干系数生成以及相位解缠，最后生成了一系列解缠之后的相位图。此时所有的干涉图最终都与超级主影像进行了配准，从而为下一步轨道精炼、重去平以及 SBAS 的反演做准备。具体操作步骤如下：

(1)在"Toolbox"中，打开"SARscape"→"Interferometric Stacking"→"SBAS"→"2-Interferometric Process"。

(2)在"Input Files"面板中，选择上一步得到的工程文件 auxiliary. sml，如图 6.78 所示。

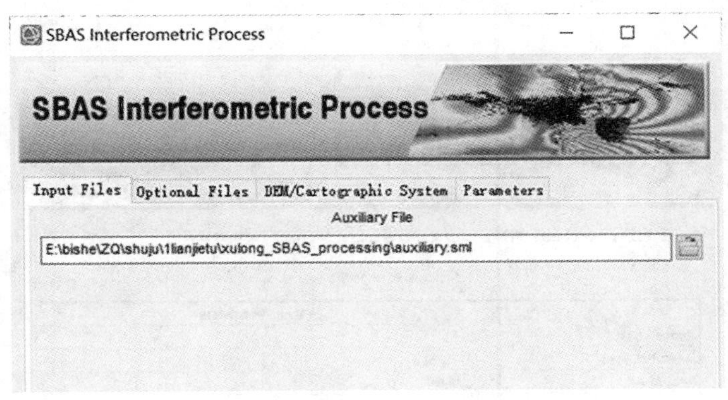

图 6.78 输入工程文件

(3)在"DEM/Cartographic System"面板中，选择参考 DEM 文件。

(4)在"Parameters"面板中，选择"Principal Parameters"，参数设置如下(图 6.79)：

Range Looks 和 Azimuth Looks：多视视数，与超级主影像一致，分别设置为 4 和 1。

Rebuild All：False。

Coregistration With DEM：True。

Unwrapping Method Type：Minimum Cost Flow 解缠方法，有三种方法供选择：

Unwrapping 3D：False。

Unwrapping Decomposition Level：1，解缠分解等。

Unwrapping Coherence Threshold：0.2，解缠相关系数阈值。

Filtering Method：Goldstein 滤波方法，有三种方法供选择，即①Adaptive；②Boxcar；③Goldstein。

注：相位解缠是 InSAR 处理过程中比较难也是比较关键的一步，在干涉图解缠之前，其相位是在(−π，π)之间缠绕变化的，但是这个相位值并不是真实的相位值，相位解缠就是将这个相位值进行解缠处理转换为真实的相位值，相位解缠的好坏将直接影响最终产品的质量。在数据不同的情况下，需要选择不同的解缠方法进行相位解缠，区域增长法、最小费用流法(Minimum Cost Flow)和 Delaunay MCF 法等都是比较经典的相位解缠方法。其中，区域增长法通过设置较小的相干性阈值，来解决由于相位突变而引起的误差。与区域增长法不同，最小费用流法在一些小于阈值的地方做了掩膜处理，采用正方形格网对所有像元都进行解缠处理。利用最小费用流法进行解缠处理，可以在解缠比较困难的低相干性区域也得到较好的解缠结果。与最小费用流法相比，Delaunay MCF 法不对小于阈值的像元进行处理，仅运用狄洛尼三角形格网对大于阈值的像元进行处理，Delaunay MCF 法可以将相位突变的影响最小化。

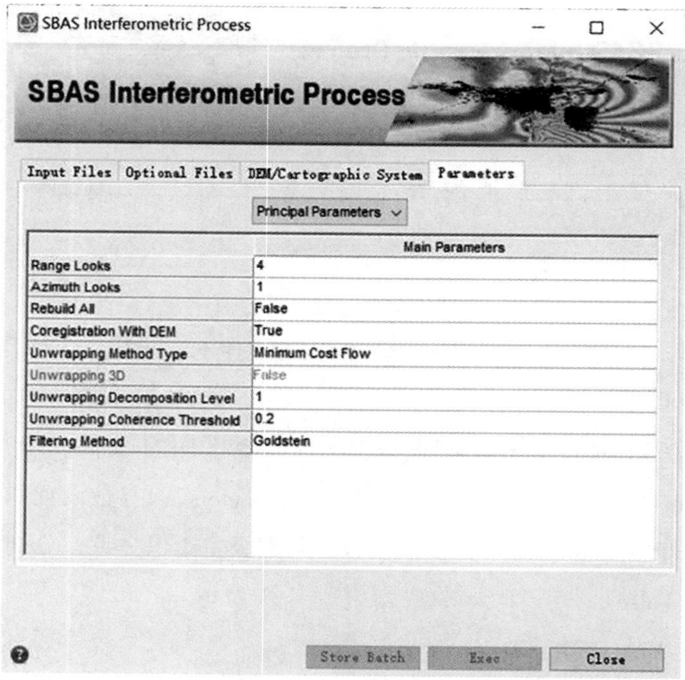

SBAS Interferometric Process

Input Files | Optional Files | DEM/Cartographic System | Parameters

Principal Parameters

Main Parameters	
Range Looks	4
Azimuth Looks	1
Rebuild All	False
Coregistration With DEM	True
Unwrapping Method Type	Minimum Cost Flow
Unwrapping 3D	False
Unwrapping Decomposition Level	1
Unwrapping Coherence Threshold	0.2
Filtering Method	Goldstein

Store Batch　Exec　Close

图 6.79　参数设置面板

单击“Exec”按钮执行处理，处理结果见图 6.80。

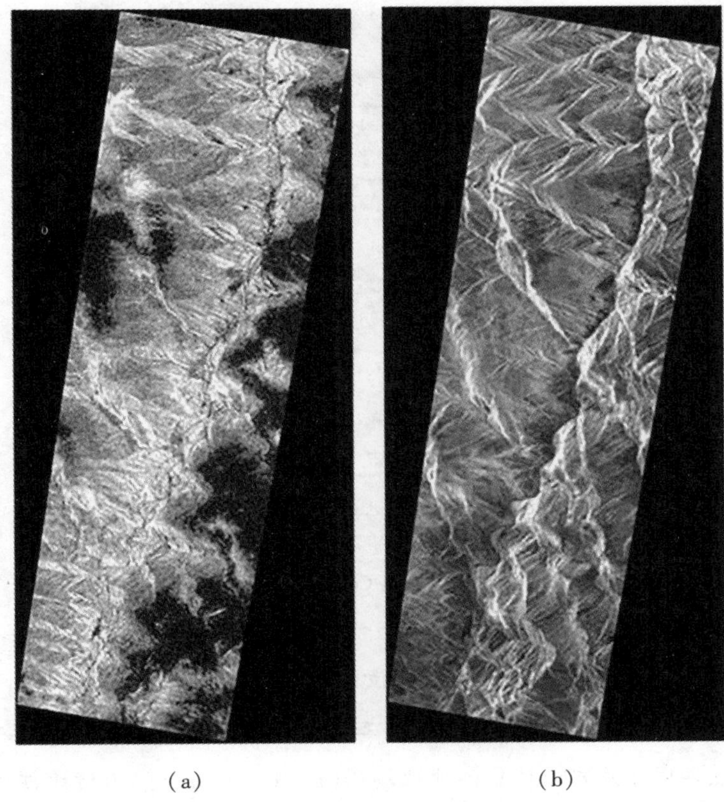

（a）　　　　　　　　　　（b）

图 6.80　其中一组像对的干涉处理结果(_cc 和_fint)

第三步：轨道精炼和重去平。

估算和去除残余的恒定相位和解缠后还存在的相位坡道，操作步骤如下：

(1)在“Toolbox”中，打开“SARscape”→“Interferometric Stacking”→“SBAS”→“3-Refinement and ReFlattening”，如图 6.81 所示。

(2)在“Input Files”面板中，在“Auxiliary file”选项中选择“auxiliary. sml”。

(3)在“Refinement GCP file”选项中，单击按钮创建“GCP”，在打开的“Generate Ground Control Points”面板中，分别选择三个文件：

- Input File：必选项。用于 GCP 定位。这里选择一个数据对的解缠结果文件。
- DEM File：可选项。用于检测 GCP 对应的高程值。这里选择 DEM 文件。
- Reference File：可选项。为选择 GCP 提供一个参考依据，可以选择相干系数图、干涉图等，如这里选择一个去平和滤波后的干涉图，可以为在判断地形和形变区域时提供参考。“Reference File”与“Input File”同时显示在一个窗口中。

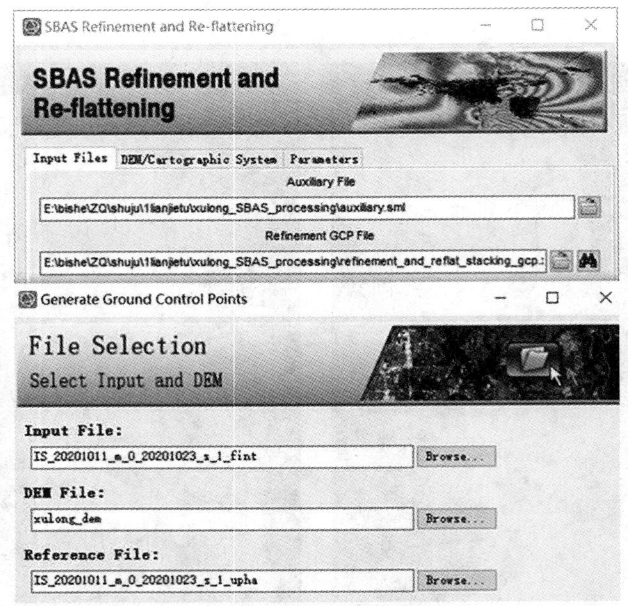

图 6. 81　在“Generate Ground Control Points”面板中选择文件

注：①Input File 可以选择斜距投影(方位向和距离向)或者地理投影(x、y、z，其中 z 自动从 DEM 数据中获取)数据，但在同一个工程中只用一种投影方式(后续还有用到 GCP 的地方)。这一点不同于基本处理中的地理编码(Basic Geocoding)或者干涉图去平处理(the Interferogram Flattening)。典型的方式是在斜距数据上选择 GCP。除非 GCP 文件需要用在其他轨道数据上，这种情况就应该在地理投影的数据上选择。

②在 SBAS 处理中，利用 GCP 是对所有数据对进行重去平，因此在选择 Input File 文件的时候，如选择解缠结果文件作为 Input File，定位的 GCP 需要在所有数据对的解缠结果文件中都符合标准。建议在上一步检查数据对中间结果的时候就选择好一对可用于选择控制点的数据。

(4)在“Generate Ground Control Points”面板中，单击“Next”按钮进入 GCP 选择面板。

(5)利用鼠标功能在窗口中选择控制点。选择 GCP 重要的标准包括：

①没有残余地形条纹；

②没有形变条纹，远离形变区域，除非已知这个点的形变速率；

③没有相位跃变，如果 GCP 点位于一个孤立相位上，并且解缠的值非常差，这个位置可能是斜坡相位(phase ramp)的一部分，那么选择的这个 GCP 是不对的；

④由于在 SBAS 中，很难找到完美的 GCP 可以全部用在所有的数据对中，因为数据对拥有不同的相干性。因此建议多选择一些 GCP，至少 20~30 个点。

(6)选择好控制点之后，Cartographic System 中默认为全球经纬度投影(输入的 DEM 文件的坐标系作为参考地理坐标系)，如图 6.82 所示。

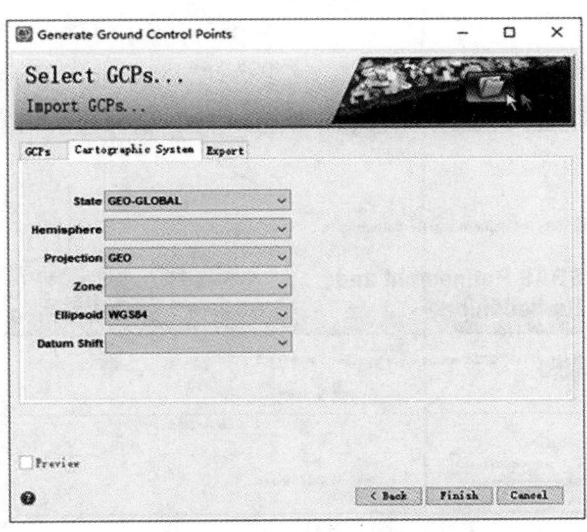

图 6.82 选择地理坐标系

(7)选择"Export"选项，默认自动选择一个输出路径和文件名，单击"Finish"按钮完成 GCP 选择工作，如图 6.83 所示。

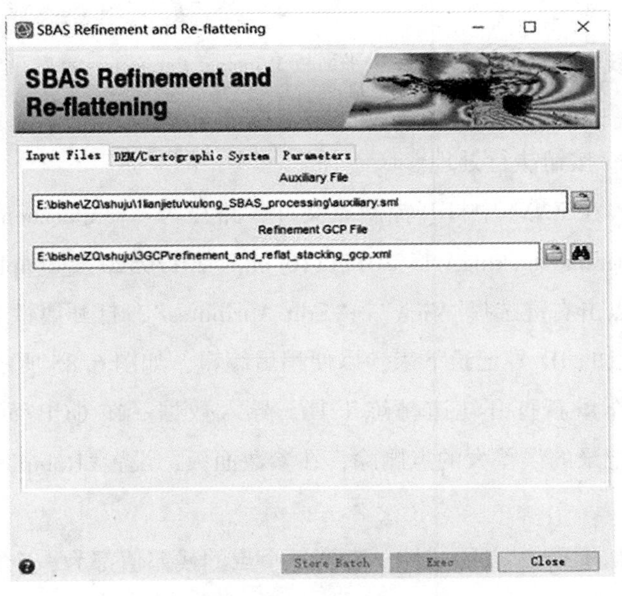

图 6.83 输入工程文件和 GCP 文件

(9)单击“DEM/Cartographic System”面板，选择 DEM 文件。

(10)单击“Parameters”面板，选择“Principal Parameters”选项，设置以下参数(图 6.84)：

- Rebuild All：False。
- Refinement Method：轨道精炼方法。这里选择“Polynomial Refinement”。
- Refinement Residual Phase Polynomial Degree：3，精炼残余相位多项式次数。

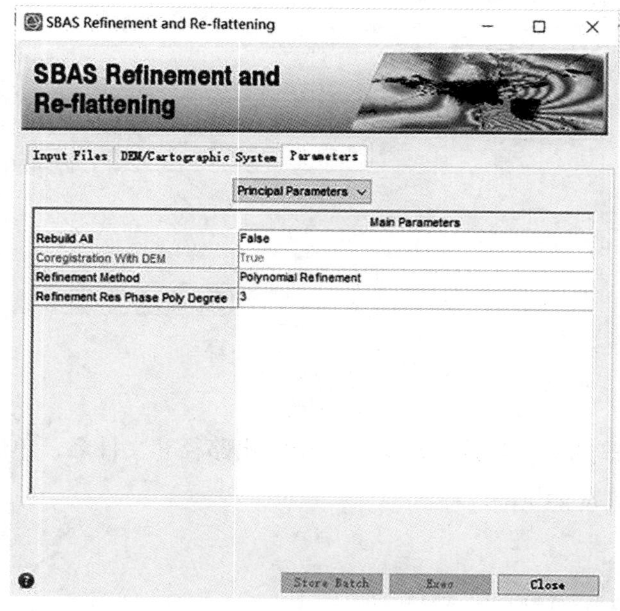

图 6.84　轨道精炼和重去平面板 Principal Parameters 参数设置

(11)单击“Exec”按钮执行处理。

轨道精炼之后，在 ENVI 中打开控制点文件，路径为：yanjiaozhen_SBAS_processing \ work \ work_interferogram_stacking \ IS_20171116_m_8_20170520_s_2_upha_refinement. shp。

在矢量图层上点击右键选择“View”→“Edit Attributes”，打开属性表，查看 AbsResDiff 列，把值比较大的点的 ID 号记录下来，以便稍后编辑，如图 6.85 所示。

使用相同的操作重新打开轨道精炼工具，导入数据。在 GCP 面板，导入上一次的 GCP 点之后，把刚记录的误差大的点删除，在参数面板，设置“Rebuild All”为 True，重新进行一次轨道精炼。

用同样的方法检查 GCP 点的属性，直到每个点的残差值都为一个较小的值。

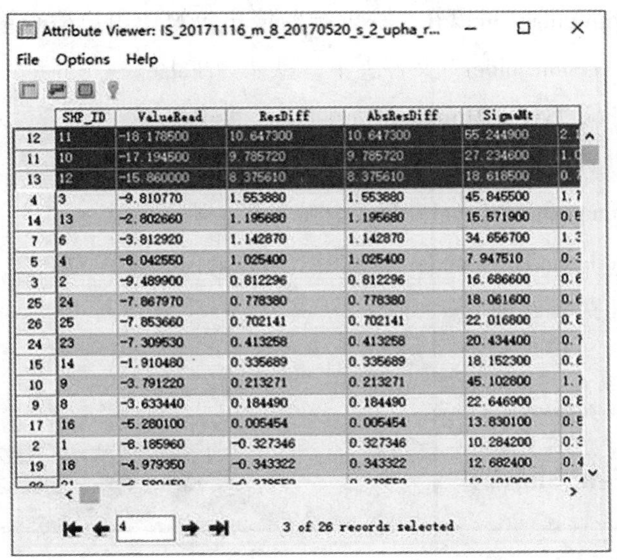

	SHP_ID	ValueRead	ResDiff	AbsResDiff	SigmaHt
12	11	-18.178500	10.647300	10.647300	55.244900
11	10	-17.194500	9.785720	9.785720	27.234600
13	12	-15.860000	8.375610	8.375610	18.618500
4	3	-9.810770	1.553880	1.553880	45.845500
14	13	-2.802660	1.195680	1.195680	15.571900
7	6	-3.812920	1.142870	1.142870	34.656700
5	4	-8.042550	1.025400	1.025400	7.947510
3	2	-9.489900	0.812296	0.812296	16.686600
25	24	-7.867970	0.778380	0.778380	18.061600
26	25	-7.853660	0.702141	0.702141	22.016800
24	23	-7.309530	0.413258	0.413258	20.434400
15	14	-1.910480	0.335689	0.335689	18.152300
10	9	-3.791220	0.213271	0.213271	45.102800
9	8	-3.633440	0.184490	0.184490	22.646900
17	16	-5.280100	0.005454	0.005454	13.830100
2	1	-8.185960	-0.327346	0.327346	10.284200
19	18	-4.979350	-0.343322	0.343322	12.682400

图 6.85　记录误差大的点

第四步：SBAS 反演 step 1。

这一步是 SBAS 反演的核心，第一次估算形变速率和残余地形。这一步也会做二次解缠用来对输入的干涉图进行优化，以便进行下一步处理，程序可以在二次解缠之前停止一下，便于分析第一次解缠的结果，其结果在输出路径下的“inversion folder”文件夹中。

(1)在“Toolbox”中，打开“SARscape”→“Interferometric Stacking”→“SBAS”→“4-Inversion：First Step”。

(2)在“Input Files”面板中，在“Auxiliary File”选项中选择“auxiliary. sml”。

(3)单击“Parameters”面板，选择“Principal Parameters”选项，设置以下参数(图 6.86)：

Product Coherence Threshold：相关系数阈值，低于这个阈值的像素将以 NaN 输出。这里设置为 0.2。

Wavelet Number of Levels：子波计算等级，这个参数决定在残余地形估算中保留的详细程度。与参考 DEM 和 SAR 分辨率有关，这里设置为 0。

Allow Disconnected Blocks：是否丢弃孤立成像数据，默认为 False。

Model Type：Linear。

提示：基于模型计算出所有像对的形变(日期、速度、加速度和加速度变化)和高程(校正值和新的 DEM)，提供无位移模型、线性模型、二次方模型、三次方模型四个模型，其中，线性模型最稳定，其他模型需要密集的连接图和高相干性才能得到可靠的结果。

Stop Before Unwrapping：可以在二次解缠前停止，好让用户检查第一次的结果，结果在输出路径下的“inversion folder”文件夹下，默认为 False。

Unwrapping Method Type：Minimum Cost Flow，解缠方法。

Unwrapping 3D：False。

Unwrapping Decomposition Level：解缠分解等级，默认为 1。

Unwrapping Coherence Threshold：解缠相干系数阈值，设置为 0.2。

单击“Exec”按钮执行处理。

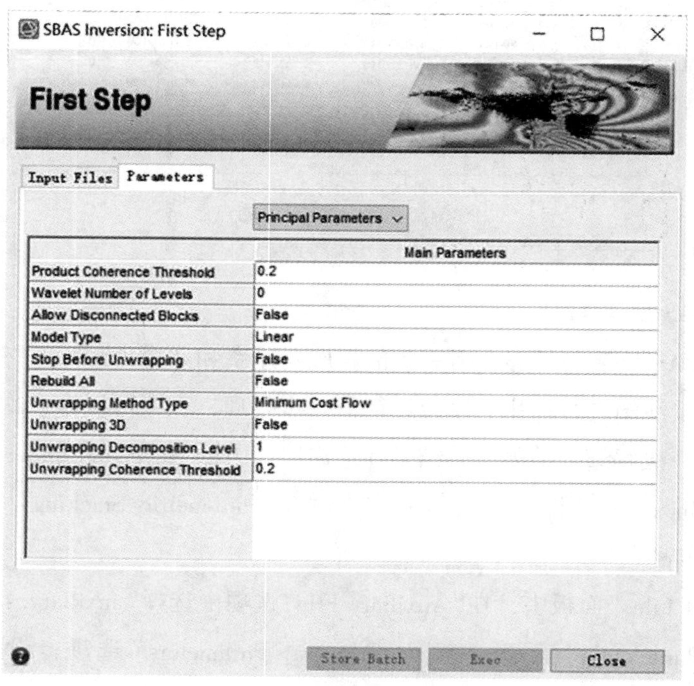

图 6.86　SBAS 第一次反演参数设置

第五步：SBAS 反演 step 2。

这一步的核心是计算时间序列上的位移，在第一步得到的形变速率(_disp_first)基础上，进行定制的大气滤波，从而估算和去除大气相位，得到更加纯净的时间序列上的最终位移结果。由大气高通、大气低通两个选项对大气影响进行估计，最后每个时间都从测量的位移中减去这些大气部分。“Displacement GCP File”用来去除还有残余的相位或相位斜坡，在这里，使用轨道精炼时所用的轨道控制点。

(1)在“Toolbox”中，打开“SARscape”→“Interferometric Stacking”→“SBAS”→“5-Inversion：Second Step”，如图 6.87 所示。

(2)在“Input Files”面板中，在“Auxiliary File”选项中选择 auxiliary. sml。

(3)在“Refinement GCP File”选项中选择前面轨道精炼时使用的控制点文件。

提示：这里的 GCP 只是用来移除恒定相位或者斜坡相位。默认在根目录中 * reflat_stacking_gcp. xml。

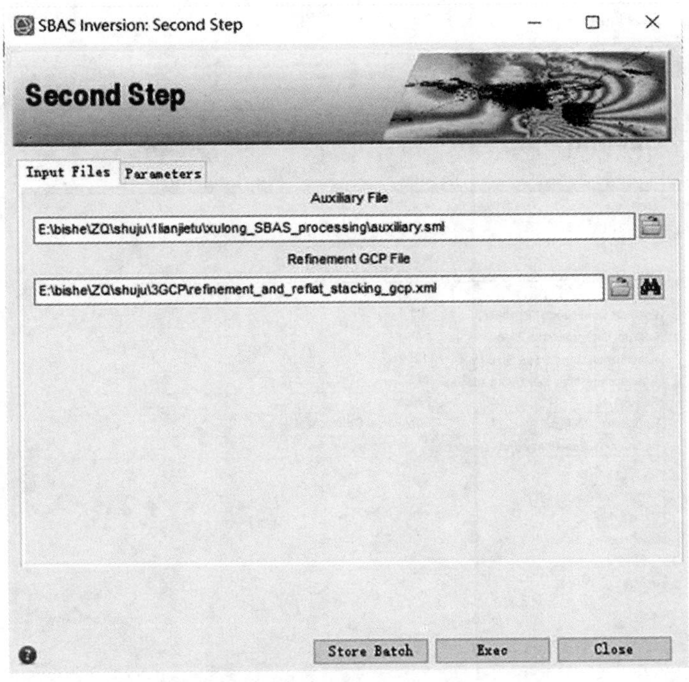

图 6.87　输入工程文件

(4)单击“Parameters”面板，选择“Principal Parameters”选项，设置以下参数(图 6.88)：

Product Coherence Threshold：相关系数阈值，低于这个阈值的像素将以 NaN 输出。这里设置为 0.3。

Interpol Disconnected Blocks：时间序列数据不存在的部分，可以通过插值方法估算形变。如果前面的处理中设置了 Allow Disconnected Blocks = True 时，这里可以设置为 True。

Atmosphere Low Pass Size：输入以米为单位的窗口大小。应用于空间分布相关滤波。默认为 1200。

Atmosphere High Pass Size：输入以天为单位的窗口大小。应用于时间分布相关滤波。默认为 365。

Refinement Method：轨道精炼方法。这里选择“Polynomial Refinement”，即多项式精炼

方法。

Refinement Residual Phase Polynomial Degree：精炼残余相位多项式次数。在重去平处理中用于估算相位解缠结果中的斜坡相位。当 GCP 的数量小于这个次数要求的数量时，该多项式次数会自动降低。默认为 3。

单击“Exec”按钮执行处理。

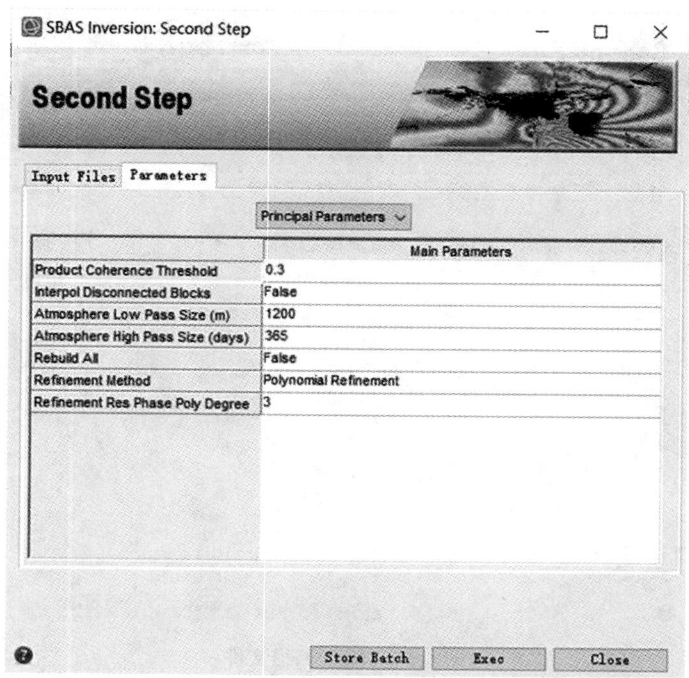

图 6.88　大气滤波参数面板

第六步：地理编码。

对 SBAS 的结果进行地理编码，同时可以将地表形变结果投影到用户自定义方向上。主要的产品结果包括：

_term0 _ geo：反演模型 0 次多项式结果(单位：毫米/年)。在没有选择“No Displacement Model”方法情况下生成。

_term1 _ geo：反演模型 1 次多项式结果(单位：毫米/年)。在没有选择“No Displacement Model”方法情况下生成。

_term2 _ geo：反演模型 2 次多项式结果(单位：毫米/年^2)。在没有选择“No Displacement Model”方法情况下生成。

_term3 _ geo：反演模型 3 次多项式结果(单位：毫米/年^3)。在没有选择“No

Displacement Model”方法情况下生成。

_vel_geo：平均形变速率(单位：毫米/年)。在没有选择“No Displacement Model”方法情况下生成。

_acc_geo：平均形变加速度(单位：毫米/年^2)。在没有选择“No Displacement Model”方法情况下生成。

_delta _ acc _ geo：平均形变加速度变化(单位：毫米/年^3)。在没有选择“No Displacement Model”方法情况下生成。

_precision_velocity_geo：估算平均形变速率的精度(单位：毫米/年)。

_disp_geo：相对一个日期的形变量(单位：毫米)。

_disp_frst_geo：大气校正前，相对一个日期的形变量(单位：毫米)。

_height_geo：用于调整输入 DEM 的高度值(单位：米)。

_precision_height_geo：估算 DEM 调整高度值的平均精度。

_dem：高度调整之后的 DEM。产品结果主要索引文件包括：

_geo_vel+height_meta：索引文件，地理坐标下的高度和形变速率测量值。

_geo_otherinfo_meta：索引文件，地理坐标下强度均值、多期相干系数、高度量测精度和高度修正值。

_geo_disp_first_meta：索引文件，大气校正前，在地理坐标下每期形变量。

_geo_disp_meta：索引文件，大气校正后，在地理坐标下每期形变量。

本步骤操作如下：

(1)在 Toolbox 中，打开“SARscape”→“Interferometric Stacking”→“SBAS”→“6-Geocoding”。

(2)在“Input Files”面板中，选择 auxiliary. sml 文件。

(3)在“DEM/Cartographic System”面板中，选择 DEM 文件。

(4)在“Parameters”面板中，选择“Principal Parameters”参数选项，设置以下参数(图 6.89)：

Height Precision Threshold：5。高度精度阈值。

Velocity Precision Threshold：8。速率精度阈值。

Rebuild All：False。

Vertical Displacement：False。设置为 Ture 时，形变和速率将投影到垂直方向上。

Slope Displacement：False。设置为 True 时，形变和速率将投影到最大坡度方向上。

Displacement Custom Direction：False。设置为 True 时，形变和速率将投影到自定义方向上，需要设置方位角(Azimuth Angle：以度为单位，从北顺时针方向)和倾斜角

(Inclination Angle：以度为单位，从水平面开始计算)。

注：得到的形变和速率产品，默认情况是视线方向(LOS)。

X Dimension (m)：15，输出像元 X 方向大小，以米为单位。

Y Dimension (m)：15，输出像元 Y 方向大小，以米为单位。

注：投影坐标系为经纬度坐标时，当设置像元值大于 0.2 时，软件内部会粗糙地自动转换为度的单位；当设置像元值小于 0.2 时，软件自动识别以度为单位。

Mean Window Size：对高度图像结果做均值滤波处理。

Interpolation Window Size：对结果图像中的无效值用窗口大小内的像素平均值差值，设置为 0 表示不进行插值。

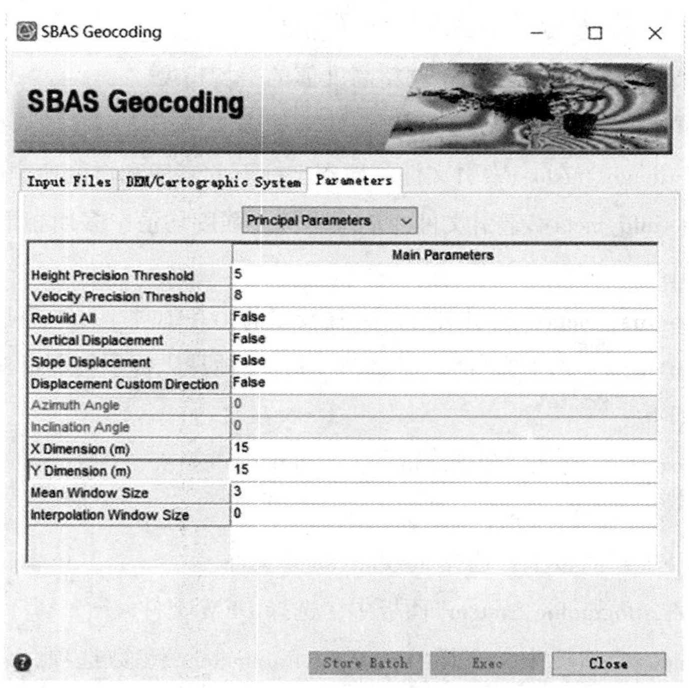

图 6.89　地理编码参数面板

(5)切换到“Geocoding”面板，将“Dummy Removal”设置为 True，在结果中去除多余的外边框。其他参数默认(图 6.90)。

设置好参数后单击“Exec”按钮执行处理。

打开最终得到的形变速率结果图 SI_vel_geo，进行彩色渲染。可以看到旭龙水电站有近 40mm/a 的沉降。

(6)打开“ *_SBAS_processing \ inversion”路径下的“SI_geo_disp_meta”文件，这个文件

记录每期形变量以及其他信息，灰度显示最后一个时相的形变。

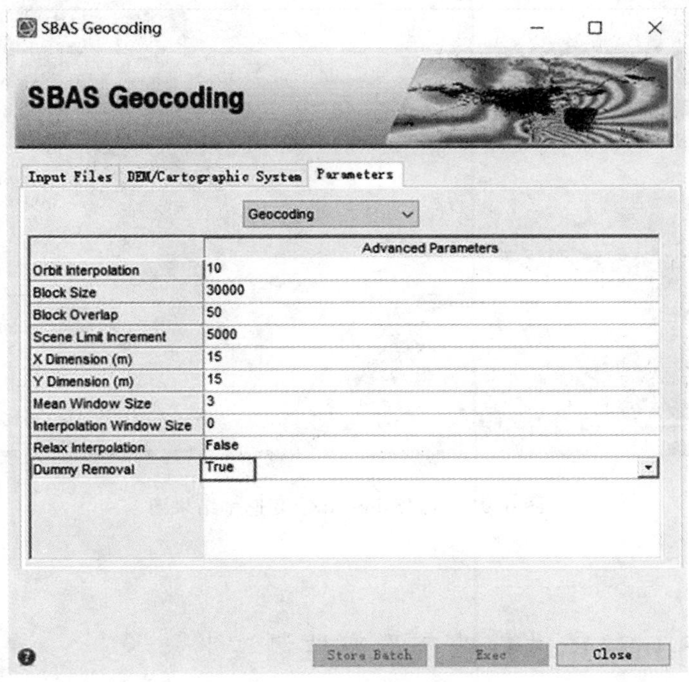

图 6.90 Geocoding 面板

(7) 在 Toolbox 中，打开"SARscape"→"General Tools"→"Time Series Analyzer"→"Raster"工具，定位到发生形变的区域，点击"plot"，绘制在监测时间段内的形变历史图。

(8) 可以把 SBAS 结果由栅格转为矢量和 kml 文件，这一步可选做。打开"SARscape"→"Interferometric Stacking"→"SBAS"→"Raster to Shape Conversion"。

在工具栏中，"Annotations"下拉框中提供了很多注记要素，包括图例、指北针、比例尺、公里网，以及文字、图形、图像等元素，可以对结果进行制图输出，如图 6.91 所示为简单的分类结果制图效果。

通过对形变速率图进行研究发现，研究区内整体的形变变化不大，但是在部分区域还是有明显的沉降与抬升变化。抬升地区主要集中在金沙江流域的两岸，该河段金沙江总体近南北向，江面宽 40~80m，江面高程 2130~2215m，河床比降约 6‰，河谷一带地形坡度一般为 20°~40°，两岸断续分布的缓坡平台主要分布于高程 2350m 以下。两岸冲沟流向多与金沙江呈近垂直，坝址区冲沟多数为泥石流沟，左岸冲沟主要有拿荣沟、莫丁沟、徐龙冲沟，右岸冲沟主要有格亚顶冲沟、该遗日冲沟、茂顶河冲沟。

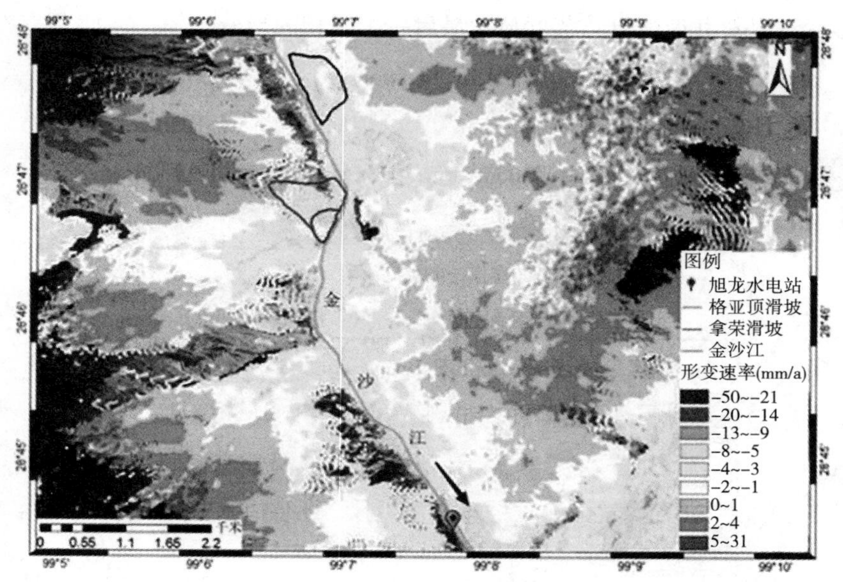

图 6.91　SBAS-InSAR 形变速率结果图

6.4　利用 PS-InSAR 进行地表形变监测实验

6.4.1　PS-InSAR 基本原理

PS-InSAR 是基于永久散射体进行的干涉测量技术，通过对全局影像进行差分干涉，选取出散射性质稳定的 PS 点(如裸露的岩石等)，在此基础上进行相位建模，去除残余相位，通过反演计算形变相位，最终得到所需的地表形变信息，其测量结果误差在毫米级。

选取同一研究区不同时段的 N 景 SAR 影像并将某一景数据作为主影像，剩下的($N-1$)景作为从影像，把从影像均配准到主影像上，通过干涉处理，产生干涉像对，然后分别进行相位分析，提取出 PS 点。在通过对残余相位进行去除的情况下，获取所有永久散射体点的干涉相位成分。这样，再通过增量积分的方法，可以获取到对应点的地表高程值和地表形变量值。利用每个 PS 点的相位组成信息可以对离散点进行相位解缠得到相较于主参考点的残差相位，最后通过反演得到用户需要的形变信息。

按照时间先后顺序对 N 幅 SAR 影像数据进行排序，分别记为：S_1，S_2，…，S_N。

第 i 幅和第 j 幅的数据图像通过共轭相乘产生干涉图：

$$I^{i,\ j} = s_i s_j^* \tag{6.20}$$

地物目标 ρ 与参考点 ρ_0 的相位差(线性形变与高程)：

$$\nabla \phi_{H,\rho,\rho_0}^{i,j} = \frac{4\pi}{\lambda} \frac{1}{R\sin\theta} \nabla h_{p,\rho_0} B_n^{i,j} \tag{6.21}$$

$$\nabla \phi_{D,\rho,\rho_0}^{i,j} = \frac{4\pi}{\lambda} \nabla v_{p,\rho_0} B_\iota^{i,j} \tag{6.22}$$

式(6.21)与式(6.22)中，λ 为发射微波的波长，θ 为发射微波对应的入射角，R 为传感器位置与目标点的斜距，$\nabla h_{p,\rho_0}$ 为不同物体目标间高程差，$\nabla v_{p,\rho_0}$ 为不同物体目标间形变速率差，$B_n^{i,j}$ 为 i 和 j 的空间基线，$B_\iota^{i,j}$ 为 i 和 j 的时间基线。

高程和沉降速率：

$$(\Delta\hat{h}_\rho,\ \Delta\hat{v}_\rho) = \arg\{\max(|\xi_\rho|)\} \tag{6.23}$$

式(6.23)中，ξ_ρ 为时间相干性：

$$\xi_\rho = \frac{1}{K}\sum_{i,j} e^{j(\Delta\phi_\rho^{i,j} - \Delta\phi_{H,\rho}^{i,j} - \Delta\phi_{D,\rho}^{i,j})} \tag{6.24}$$

式(6.24)中，K 为干涉图数量，$\Delta\phi_\rho^{i,j}$、$\Delta\phi_{H,\rho}^{i,j}$ 和 $\Delta\phi_{D,\rho}^{i,j}$ 分别表示干涉相位、高程相位和地形残差相位。

视线方向的形变相位：

$$\phi_{D,\rho}^{i,j} = \phi_{\text{linear}}^{i,j} - \phi_{\text{non-linear}}^{i,j} = \frac{4\pi}{\lambda}(\Delta v_\rho B_\tau^{i,j} + \text{Defo}_{\text{non-linear}}) \tag{6.25}$$

残差相位和相干性关系：

$$\hat{\xi}_\rho = e^{-\frac{\delta_\phi^2}{2}} \tag{6.26}$$

形变速率方差和高程方差：

$$\begin{cases} \delta_{\Delta h}^2 \approx \left(\dfrac{\lambda R\sin\theta}{4\pi}\right)^2 \dfrac{\delta_\phi^2}{K\delta_{B_n}^2} \\ \delta_{\Delta v}^2 \approx \left(\dfrac{\lambda}{4\pi}\right)^2 \dfrac{\delta_\phi^2}{K\delta_{B_t}^2} \end{cases} \tag{6.27}$$

为了取得比较好的形变结果，SAR 影像的数据量要在 20 景以上，若振幅离差指数阈值较好，PS 技术的结果误差可以控制在毫米级以内。

6.4.2 处理流程

PS-InSAR 的处理流程如图 6.92 所示，步骤如下：

(1)在 N 幅 SAR 影像中，选取一幅超级主影像，其余的 $N-1$ 幅作为从影像，根据主影像与其他从影像建立主从影像数据对。

(2)进行干涉处理，主要包括：主从影像的数据配准、滤波、轨道精炼和解缠处理。

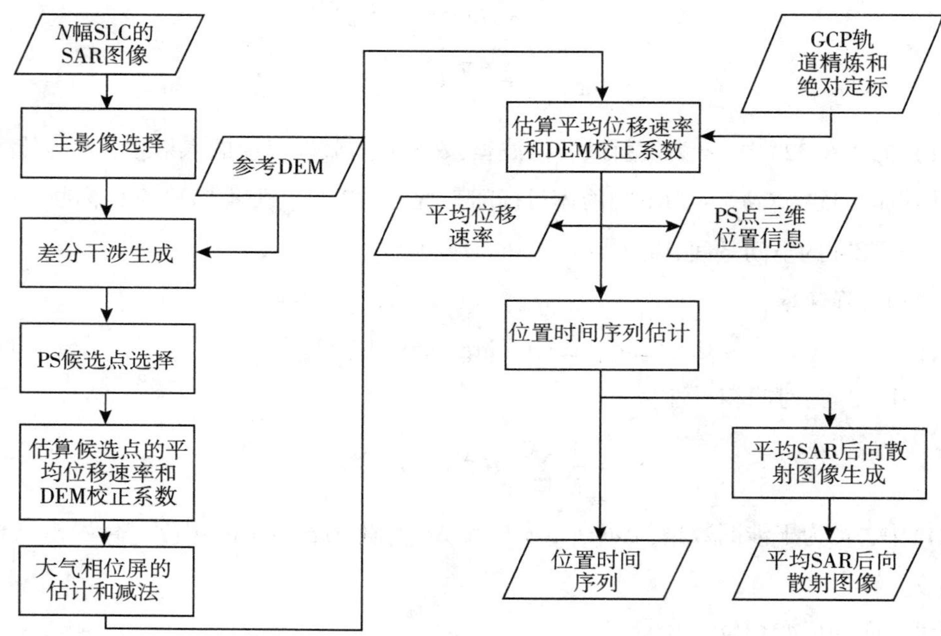

图 6.92 PS-InSAR 技术处理流程

(3)利用参考高程 DEM 数据分别与每一幅干涉图进行差分干涉。

(4)根据振幅离差的结果值确定出相位稳定区域的 PS 基准点。

(5)利用狄洛尼网(Delaunay)确定永久散射体 PS 点之间的连接关系，并进行相位解缠。然后利用已知 PS 点作为参考，来求解出其余格网上每一点的高程误差与地表形变速率。

(6)用进行定制的滤波来平滑大气误差干扰，分离出较为纯净的目标相位结果。

(7)由干涉图中所有点的相干性，得到没有残余干扰的 PS 点，再进行相位解缠处理，最终确定出地表形变信息。

PS-InSAR 的优势：PS-InSAR 技术是基于时间序列雷达影像数据集，其探测结果受残余误差影响较小，可以长时间监测缓慢形变的地面物体，而且形变误差可控制在毫米级范围内。

系统参数设置：首先选择适用于 Sentinel 的一套系统参数。打开“SARscape”→“Preferences”，单击“Load Preferences”，选择“Sentinel TOPSAR”，在弹出的对话框中选择“是”，在参数设置面板上点击“OK”。如图 6.93 所示。

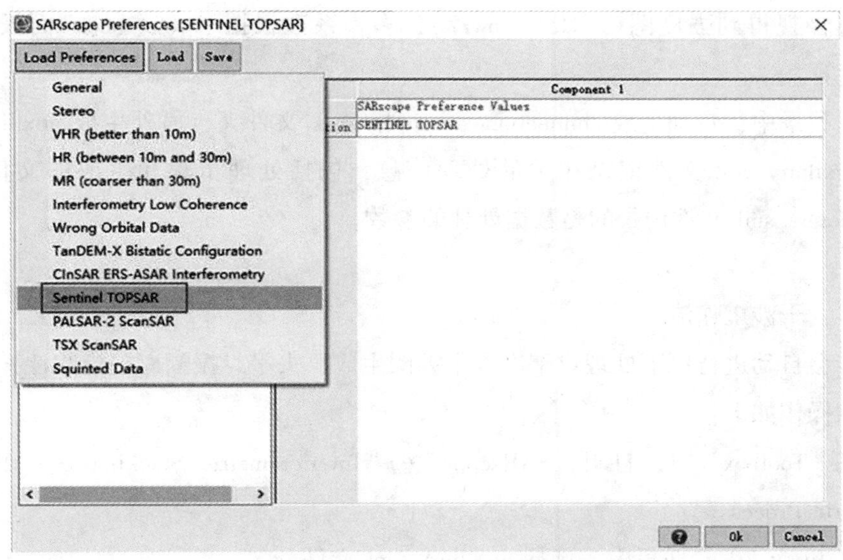

图 6.93 选择 Sentinel 数据的系统参数

数据导入、DEM 准备、工程区裁剪请参考 6.2 节中的内容。此处略。

第一步：连接图生成。

本步骤是生成 SAR 数据对和连接图，用于后面的差分干涉。自动或者手动选择一个超级主影像，根据设定的临界基线阈值对其他数据与超级主影像建立主-从数据对。临界基线阈值通过“Toolbox”→“Preferences”→“Persistent Scatterers”→“Baseline Threshold (%)”设定，默认是临界基线的 5 倍(500%)。本步骤操作如下：

(1) 在“Toolbox”中，打开“SARscape”→“Interferometric Stacking”→“PS”→“1-Connection Graph”工具。

(2) 在“Input Files”面板中，单击“Browse”按钮，选择 20 景 slc_list 数据。注：按住 Shift 键，可以多选文件。

(3) 单击“Optional Files”面板，这是可选项，手动选择超级主影像。这里不选择。

(4) 单击“Output Files”面板，选择输出路径和文件根名称，如这里输出文件根名称为“Vegas-ASAR”。

(5) 单击“Exec”按钮。

处理完之后会生成两个图表(Time-Position plot 和 Time-Baseline plot)和一个报表，图表显示生成的每一个数据对。图表上有三种颜色显示：红色——丢弃的数据对；绿色——有效数据对；黄色——超级主影像。报表显示每个数据对的空间基线等信息。

在生成的“PS Connection Graph”面板中，显示每个数据对的空间基线。另外，超级主影像会经过多视得到强度图(后缀为“pwr”)，多视系数根据“Preferences”面板中的 Grid Size 自动计算。

在输出目录中，自动生成 connection_graph 和 work 文件夹，另外生成 auxiliary. sml 工程文件，auxiliary. sml 文件记录相关的处理信息，包括处理步骤和生成的文件记录等。work_parameters. sml 文件记录的是数据处理的参数。

第二步：干涉工作流。

这一步会自动进行以下处理：配准、干涉图生成、去平、振幅离差指数计算。

本步骤操作如下：

(1) 在“Toolbox”中，打开“SARscape”→“Interferometric Stacking”→“PS”→“2-Interferometric Process”。

(2)在“Input Files”面板中，选择 auxiliary. sml 文件。

(3)在“DEM/Cartographic System”面板中，选择参考 DEM 文件。

(4)在“Parameters”面板中，按照默认参数设置。

注：如果设置“Principal Parameters”中的“Generate Dint Multilooked for Quick View”为 True，则会生成每个干涉图文件的快视图。

(5) 单击“Exec”按钮执行处理。

输出的结果中包括以下产品：

Meta 索引文件，包括 slant_dint_meta 和 slant_pwr_meta 等处理结果。

Mean，SAR 平均强度图像及关联文件(. sml，. hdr)。

mu_sigma，振幅离差指数(平均强度/标准差)。

注：①以上三个产品存放在“interferogram_stacking”目录中。干涉图文件存放在“\work \ work_interferogram_stacking”文件夹中。

②工程文件 Auxiliary file 说明：

工程文件在整个处理中都是会用到的，就像一个控制中心一样，它记录了一些必要的信息，如所有输入数据的文件路径、SBAS 或 PS 中的每一步骤的处理进度，如果中途停止，再次处理时可以接着上次做的像对往下做，而不是重头开始。该文件在处理过程中会被更新，在整个处理过程中，都会以该工程文件作为输入文件，如果用户想重新做某一步，可以在该文件中改相应步骤的处理标识，如：当浏览完干涉结果之后，想调整一个参数再做一次，那么在 PS 或者 SBAS 的工程文件中，把相应步骤设置为“NotOK”，标识改为 0，当再运行的时候，可以跳过前面已经运行好的步骤，从这一步重新开始做，然后这一步之后的所有步骤也会重新做。

如 PS 处理中，想重新做配准。在配准之后，工程文件中有如下内容：

<step_COREGISTRATION>OK</step_COREGISTRATION>

<step_coregistration_start_id_image>20</step_coregistration_start_id_image>

修改内容如下，程序就会从配准这一步重新开始做：

<step_COREGISTRATION>NotOK</step_COREGISTRATION>

<step_coregistration_start_id_image>0</step_coregistration_start_id_image>

还有一个很重要的文件是 work_parameters. sml，在 work 路径下，这个文件记录了 PS 处理过程中用到的所有参数。

PS 处理时，在干涉工作流这一步做完之前，都不要改变 slc 数据集存放路径，这一步完成之后，用户可以移动 slc 数据集到其他位置，进行后续的处理。

第三步：PS 第一次反演 step 1。

本步骤操作如下：

(1) 在"Toolbox"中，打开"SARscape"→"Interferometric Stacking"→"PS"→"3-Inversion: First Step"。

(2) 在"Input Files"面板中，选择 auxiliary. sml 文件。

(3) 在"Parameters"面板中，选择"Principal Parameters"参数选项，以下是各个参数的说明：

形变采样频率(Displacement Sampling (mm/year))：设置形变速率采样频率，默认为 1。

最小形变速率(Min Displacement Velocity (mm/year))：预设最小形变速率，这里设置为-50。

最大形变速率(Max Displacement Velocity (mm/year))：预设最大形变速率，这里设置为 50。

注：以上两个参数，用户根据已经掌握的资料对此区域沉降进行预估，设置一个合理的形变范围区间。

残余高度采样频率(Residual Height Sampling (m))：设置残余高度采样频率，默认为 2。

最小残余高度(Min Residual Height (m))：负值，设置为-100。

最大残余高度(Max Residual Height (m))：正值，设置为 100。

注：以上两个参数取决于研究区是否有高层建筑，最高达到多少米，用来去除高程残

差，设置高层建筑高度的正负范围。

选择一个参考点的最大面积(Area For Single Reference Point (sqkm))：25。

子区重叠区比例(Overlap for SubArea (%))：30。

重新构建(Rebuild All)：False。

(4) 单击“Exec”按钮执行处理。

处理完之后生成一个新文件夹“ps_first_inversion”，主要包括以下几个产品：

Height_first：输入 DEM 数据的调整值。

Velocity_first：平均地表形变速率。

cc_first：多时间相干系数，这个系数表示有多少形变趋势符合模型。形变值有正负之分：正值表示传感器-目标在斜距方向的距离减少，负值表示传感器-目标在斜距方向的距离增加。

当“参考点”选择完后，会生成两类矢量文件：

Ref_GCP，在斜距几何上选择的 GCP。

Ref_GCP_geo，转成地理坐标的 GCP，存储在“geocoding”文件夹中。

SubAreas，在斜距几何上的子区域分布。

SubAreas_geo，转成地理坐标的子区域分布，存储在“geocoding”文件夹中。

第四步：PS 第二次反演 step 2。

本步骤操作如下：

(1) 在“Toolbox”中，打开“SARscape”→“Interferometric Stacking”→“PS”→“4-Inversion：Second Step”。

(2) 在“Input Files”面板中，选择 auxiliary. sml 文件。

(3) 在“Parameters”面板中，选择“Principal Parameters”参数选项，以下是各个参数的说明：

Atmosphere High Pass Size：输入以天为单位的窗口大小。应用于时间分布相关滤波。默认为 365。

Atmosphere Low Pass Size：输入以米为单位的窗口大小。应用于空间分布相关滤波。默认为 1200。

重新构建(Rebuild All)：False。

(4) 单击“Exec”按钮执行处理。

输出的文件夹中包含以下产品：

高度(Height)：大气校正之后，用于调整输入 DEM 的高度值(单位：米)。

高度精度(Precision_height)：估算残余高度(residual height)时相应的平均精度(以米为单位)。

速率(Velocity)：大气校正之后得到的平均形变速率(单位：毫米/年)。

速率精度(Precision_vel)：估算形变速率时相应的平均精度(单位：毫米/年)。

相干系数(cc)：每个数据对的相干系数，它显示有多少形变趋势符合所选模型。还包括几个索引文件(_meta)：

slant_atm_meta：在斜距几何上的每期大气相关成分。

slant_dint_reflat_meta：大气校正后，在斜距几何上每期重去平干涉图。

slant_disp_meta：大气校正后，在斜距几何上的每期形变量。

第五步：地理编码。

本步骤操作如下：

(1) 在"Toolbox"中，打开"SARscape"→"Interferometric Stacking"→"PS"→"5-Geocoding"。

(2) 在"Input Files"面板中，选择 auxiliary. sml 文件。

(3) 单击"Optional File"面板，这是可选项，选择"GCP"文件(. shp 或者 . xml)或者创建 GCP 文件。本操作不选择。

(4) 在"DEM/Cartographic System"面板中，选择参考 DEM 文件。

(5) 在"Parameters"面板中，选择"Principal Parameters"参数选项，以下是各个参数的说明：

Product Coherence Threshold：设置相干系数阈值，相干系数小于这个阈值的像素不会保留在 PS 结果中。这里默认设置为 0. 75。

Geocoding using Mu/Sigma Threshold：False。激活该项，设置 Mu/Sigma 阈值，小于该阈值的像素不做地理编码。

Generate KML：True。生成 KML 文件。

Upper Limit KML Scaling：KML 文件中预期最大刻度，默认为 10，这里设置为 50。

Lower Limit KML Scaling：KML 文件中预期最小刻度，默认为-10，这里设置为 50。

Rebuild All：False。

Vertical Displacement：当激活并设置为 True 时，形变和速率将投影到垂直方向上。

Slope Displacement：当激活并设置为 True 时，形变和速率将投影到最大坡度方向上。

Displacement Custom Direction：当激活并设置为 True 时，形变和速率将投影到自定方向上，需要设置方位角(Azimuth Angle：以度为单位，从北顺时针方向)和倾斜角

(Inclination Angle：以度为单位，从水平面开始计算)。

X Dimension (m)：输出像元 X 方向大小，以米为单位，默认 15 米。

Y Dimension (m)：输出像元 Y 方向大小，以米为单位，默认 15 米。

注：投影坐标系为经纬度坐标时，当设置的像元值大于 0.2，软件内部会粗糙地自动转换为度的单位，当设置的像元值小于 0.2，软件自动识别以度为单位。

(6) 切换到"Other Parameters"面板，若想减少 PS 结果的点密度，设置以下两个参数：

Max Points in KML：50000，若设置生成 KML 文件，该参数可改，指的是一个 KML 文件的最大点数，减少该值可以减少 Google Earth 上显示的 PS 点密度。

Max Pointsin Shape：每个矢量文件中最大值点数量，默认为 100000。如果 PS 点非常多，会生成多个分块矢量文件。降低该值会减少最终得到的 PS 点密度。

单击"Exec"按钮执行处理。

输出地理编码产品主要包括：

Ref_GCP_geo：矢量文件，在反演 step 1 中自动生成的参考点。

SubAreas_geo：转成地理坐标的子区域分布。

mean_geo：SAR 平均强度图像和附带文件(.sml，.hdr)。

Meta files (_meta)：索引文件，包括形变速率、残余高度、相关系数图、每期形变量(需要勾选"Geocoded Raster Products"选项)。

Meta files (_meta)：索引文件，包括形变沿着最大坡度方向投影的结果(_SD)和垂直投影面投影结果(_VD)。(需要勾选"Vertical Displacement"和"Slope Displacement"选项)。

"work" 子文件夹：存储中间结果。

PS 渲染图和相关信息(.shp 和 .kml)。

最大坡度方向值(Maximum slope direction values：_ADF)及附带文件 (.sml，.hdr)。

最大坡度倾斜值(Maximum slope inclination values：_IDF)及附带文件 (.sml，.hdr)。

方位向视线(Azimuth Line of Sight：_ALOS) 及附带文件(.sml，.hdr)。正角度表示自北顺时针方向，负角度表示自北逆时针方向。

入射角视线(Incidence angle of the Line of Sight：_ILOS)及附带文件 (.sml，.hdr)。表示视线和垂直方向的夹角。

一般的产品索引文件包括：

_geo_vel+height_meta：索引文件，地理坐标下的高度和形变速率测量值。

_geo_otherinfo_meta：索引文件，地理坐标下强度均值、多期相干系数、高度量测精度和高度修正值。

_geo_disp_first_meta：索引文件，大气校正前，在地理坐标下的每期形变量。

_geo_disp_meta：索引文件，大气校正后，在地理坐标下的每期形变量。

生成的结果都存放在"geocoding"文件夹中。如果不需要其他中间结果，这个文件夹内的文件就是最终的 PS 结果，可以拷贝到任意路径下。

第六步：打开结果。

(1)打开…\ geocoding \ mean_geo 栅格文件，这个文件是地理编码后的 SAR 平均亮度图。

(2)打开…\ geocoding \ PS_75_0. shp、PS_75_1. shp、PS_75_2. shp、PS_75_3. shp、PS_75_4. shp、PS_75_5. shp 矢量文件，依次打开矢量分块文件，叠加在 SAR 平均强度图上显示。

注：如果 PS 点非常多，会生成多个分块矢量文件，把每个矢量文件都打开。

(3)在"Toolbox"中，选择"SARscape"→"General Tools"→"Time Series Analyzer"→"Vector"。打开"TS Vector Analyzer"分析面板，将"Min"和"Max"分别改为-50 和 50，单击"Color Apply"，赋一个 PS 矢量结果，根据形变速率绘制颜色。

在第二个矢量图层上右键选择"Set as Active Layer"，该图层处于激活状态，点击"Color Apply"。使用同样的方法将其他矢量图层都用同一标准的颜色渲染。

注：PS 的结果可以作为 SBAS 处理时轨道精炼 GCP 选择的参考，从而选取稳定区域。

(4)选择感兴趣的 PS 点，单击"Plot Time Series"按钮，绘制出该点的历史形变过程曲线。

PS-InSAR 形变结果如图 6.94 所示。

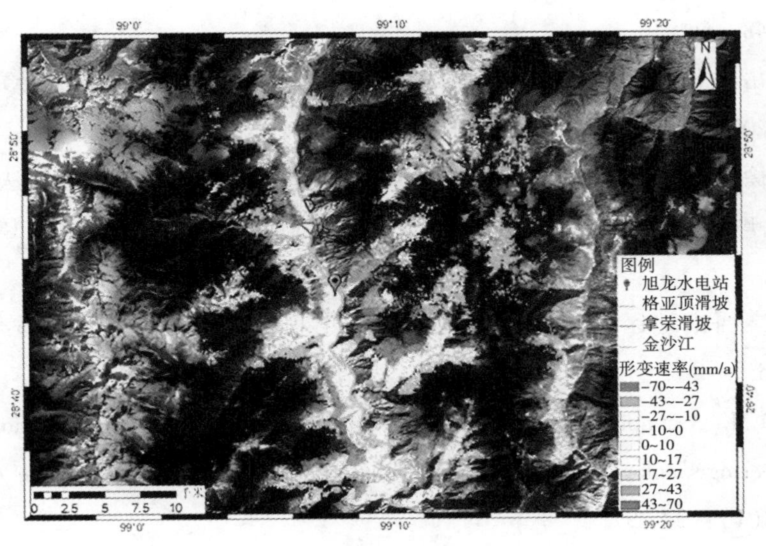

图 6.94 PS-InSAR 形变结果图

参考文献

[1]Esri中国信息技术有限公司．SARscape 入门教程[EB/OL]. https://download.csdn.net/download/olivertwist1996/12150506.

[2]张建柱，麻源源，麻卫峰．利用升降轨 Sentinel-1A 提取昆明 DEM 及其精度分析[J]. 矿山测量，2018，46(6)：34-40.

[3]巢子豪，谢宏全，费鲜芸．基于 Sentinel-1A 雷达影像的 DEM 提取方法[J]. 淮海工学院学报(自然科学版)，2015，24(2)：56-58.

[4]游洪，米鸿燕，左小清，等．利用 Sentinel-1A/-1B 升降轨 SAR 数据提取 DEM 与精度分析[J]. 工程勘察，2020，48(9)：46-51，78.

[5]王明新，赵义平，刘迪．基于 Sentinel-1 影像提取 DEM 的精度及水文分析应用[J]. 内蒙古水利，2020，4(12)：40-41.

[6]赵诣，蒋弥，杨川，等．InSAR 干涉图滤波方法对比[J]. 测绘科学，2017，42(6)：149-154.

[7]韩松，陈星彤，朱小凤．三种 InSAR 干涉图滤波方法对比[J]. 矿山测量，2017，45(4)：46-48，66.

[8]郭乐萍，岳建平，岳顺．基于 SARscape 的 InSAR 数据相位解缠方法研究[J]. 地理空间信息，2018，16(3)：20-22，8.

[9]孙永进，徐白山，杨旭，等．基于 SARscape 软件的 InSAR 相位解缠算法研究[C]//国家安全地球物理丛书(十三)——军民融合与地球物理. 北京：中国地球物理学会，2017.

[10]王自高．西南地区深切河谷大型堆积体工程地质研究[D]. 成都：成都理工大学，2015.

[11]Cruden D M. A simple definition of a landslide[J]. Bulletin of the International Association of Engineering Geology-Bulletin de l'Association Internationale de Géologie de l'Ingénieur, 1991, 43(1): 27-29.

[12]张继贤，杨明辉，黄国满．机载合成孔径雷达技术在地形测绘中的应用及其进展[J].

测绘科学，2004(6)：24-26，3.

[13]李媛，孟晖，董颖，等．中国地质灾害类型及其特征——基于全国县市地质灾害调查成果分析[J]．中国地质灾害与防治学报，2004(2)：32-37.

[14]施建成，杜阳，杜今阳，等．微波遥感地表参数反演进展[J]．中国科学：地球科学，2012，42(6)：814-842.

[15]张俊荣．我国微波遥感现状及前景[J]．遥感技术与应用，1997(3)：59-65.

[16]张润宁，王国良，梁健，等．空间微波遥感技术发展现状及趋势[J]．航天器工程，2021，30(6)：52-61.

[17]林明森，何贤强，贾永君，等．中国海洋卫星遥感技术进展[J]．海洋学报，2019，41(10)：99-112.

[18]王桥，吴传庆，厉青．环境一号卫星及其在环境监测中的应用[J]．遥感学报，2010，14(1)：104-121.

[19]王东良，姚小海，孟雷，等．海洋二号卫星散射计风场产品真实性检验及分析[J]．海洋预报，2014，31(4)：47-53.

[20]张庆君，张健，张欢，等．海洋二号卫星工程研制及在轨运行简介[J]．中国工程科学，2013，15(7)：12-18.

[21]田维，徐旭，卞小林，等．环境一号C卫星SAR图像典型环境遥感应用初探[J]．雷达学报，2014，3(3)：339-351.

[22]张庆君．高分三号卫星总体设计与关键技术[J]．测绘学报，2017，46(3)：269-277.

[23]邓云凯，禹卫东，张衡，等．未来星载SAR技术发展趋势[J]．雷达学报，2020，9(1)：1-33.

[24]丁赤飚，刘佳音，雷斌，等．高分三号SAR卫星系统级几何定位精度初探[J]．雷达学报，2017，6(1)：11-16.

[25]"海丝一号"中国首颗轻小型SAR卫星[J]．雷达科学与技术，2021，19(1)：2.

[26]牛瑞，汤晓涛，楼良盛，等．星载合成孔径雷达的发展以及干涉测量应用[J]．遥感信息，2006(4)：79-82.

[27]陈思伟，代大海，李盾，等．Radarsat-2的系统组成及技术革新分析[J]．航天电子对抗，2008(1)：33-36.

[28]王振力，钟海．国外先进星载SAR卫星的发展现状及应用[J]．国防科技，2016，37(1)：19-24.

[29]宇飞．澳大利亚激光器跟踪Seasat卫星[J]．激光与光电子学进展，1979(4)：46-47.

[30]陶满意，纪鹏，黄源宝，等．星载SAR辐射定标及其精度分析[J]．中国空间科学技

术，2015，35(5)：64-70.

[31] Freeman A. SAR calibration：an overview[J]. IEEE Transactions on Geoscience and Remote Sensing，1992，30(6)：1107-1121.

[32] Yamamoto，Kawano I，Iwata T，et al. Autonomous precision orbit control of ALOS-2 for repeat-pass SAR interferometry [J]. IEEE International Geoscience and Remote Sensing Symposium-IGARSS，2013：4.

[33] Shimada M，Isoguchi O，Tadono T，et al. PALSAR Radiometric and Geometric Calibration [J]. IEEE Transactions on Geoscience and Remote Sensing，2009，47(12)：3915-3932.

[34] 方圣辉，舒宁，巫兆聪.SAR 影像去噪声方法的研究[J]. 武汉测绘科技大学学报，1998(3)：29-32.

[35] 郭斌. 图像去噪处理技术[D]. 西安：西安电子科技大学，2012.

[36] 杨丽娟，张白桦，叶旭桢. 快速傅里叶变换 FFT 及其应用[J]. 光电工程，2004(S1)：1-3，7.

[37] 陆璐. 基于非局部均值和 Lee 滤波器的 SAR 图像去斑[D]. 西安：西安电子科技大学，2013.

[38] 宋海平，卢战伟，赵松.Boxcar 滤波器和极化 Refined Lee 滤波器对极化 SAR 分类精度影响的评估[J]. 影像技术，2011，23(5)：39-44，13.

[39] 张朝晖，潘春洪，马颂德. 一种基于修正 Frost 核的 SAR 图像斑点噪声抑制方法[J]. 中国图象图形学报，2005(4)：431-435.

[40] Image Enhancement Based on Gamma Map Processing [C]// Conference on optics, photonics, and digital technologies for multimedia applications. Dept. of Electronics Engineering, National Chiao Tung Univ. 1001 Ta-Hsueh Road Hsinchu, Taiwan, R. O. C. ; rnDept. of Electronics Engineering, National Chiao Tung Univ. 1001 Ta-Hsueh Road Hsinchu, Taiwan, R. O. C. ; rnDept. of Electronics Engineering, Nantou：National Chi, 2010.

[41] 郎丰铠，杨杰，李德仁. 极化 SAR 图像自适应增强 Lee 滤波算法[J]. 测绘学报，2014，43(7)：690-697.

[42] Chikr El-Mezouar M, Taleb N, Kpalma K, et al. An IHS-Based Fusion for Color Distortion Reduction and Vegetation Enhancement in IKONOS Imagery [J]. IEEE Transactions on Geoscience and Remote Sensing, 2011，49(5)：1590-1602.

[43] 陆冬华，赵英俊. 基于改进型 Brovey 算法的高光谱数据融合技术[J]. 世界核地质科学，2006(3)：177-180，185.

[44]吴连喜．用低通滤波器改进 Brovey 融合法[J]．计算机应用研究，2010，27(11)：4383-4385.

[45]刘川，齐修东，臧文乾，等．基于 IHS 变换的 Gram-Schmidt 改进融合算法研究[J]．测绘工程，2018，27(11)：9-14.

[46]刘锟，付晶莹，李飞．高分一号卫星 4 种融合方法评价[J]．遥感技术与应用，2015，30(5)：980-986.

[47]李存军，刘良云，王纪华，等．两种高保真遥感影像融合方法比较[J]．中国图象图形学报，2004(11)：106-115，128-129.

[48]王乐，牛雪峰，王明常．遥感影像融合技术方法研究[J]．测绘通报，2011(1)：6-8.

[49]王立朝，温铭生，冯振，等．中国西藏金沙江白格滑坡灾害研究[J]．中国地质灾害与防治学报，2019，30(1)：1-9.

[50]赵永红，王航，张琼，等．滑坡位移监测方法综述[J]．地球物理学进展，2018，33(6)：2606-2612.

[51]Rogers A，Ingalls R P. Venus：Mapping the Surface Reflectivity by Radar Interferometry[J]. Science，1969，165(3895)：797-799.

[52]Zisk S H. A new，earth-based radar technique for the measurement of lunar topography[J]. The moon，1972，4(3-4)：296-306.

[53] Graham L C. Synthetic interferometer radar for topographic mapping[J]. Proceedings of the IEEE，1974，62(6)：763-768.

[54]Zebker H A，Goldstein R M. Topographic mapping from interferometric synthetic aperture radar observations[J]. Journal of Geophysical Research：Solid Earth，1986，91(B5)：4993-4999.

[55]Goldstain R M，Zebker H A，Werner C L. Satellite radar interferometry：two-dimensional phase unwrapping[J]. Radio Science，1988，23(4)：713-720.

[56]周以蕴．航天飞机为地球绘图[J]．航空知识，2000(5)：20-21.

[57]Gabriel A K，Goldstein R M，Zebker H A. Mapping small elevation changes over large areas：Differential radar interferometry[J]. Journal of Geophysical Research：Solid Earth，1989，94(B7)：9183-9191.

[58]Achache J，Fruneau B. Applicability of SAR interferometry for monitoring of landslides[C]. ERS Applications，1996，383：165.

[59]Rizo V，Tesauro M. SAR interferometry and field data of Randazzo landslide (Eastern Sicily，Italy)[J]. Physics & Chemistry of the Earth Part B，2000，25(9)：771-780.

[60] Colesanti C, Ferretti A, Prati C, et al. Monitoring landslides and tectonic motions wth the Permanent Scatterers Technique[J]. Engineering geology, 2003, 68(1-2): 3-14.

[61] Lauknes T R, Dehls J F, Larsen Y, et al. Regional Landslide Mapping and Monitoring in Norway Using SBAS InSAR[C]. AGU Fall Meeting Abstracts, 2007: G53A-08.

[62] Lu P, Catani F, ofani V, et al. Quantitative hazard and risk assessment for slow-moving landslides from Persistent Scatterer Interferometry[J]. Landslides, 2014, 11(4): 685-696.

[63] Sun Q, Zhang L, Ding X, et al. Investigation of Slow-Moving Landslides from ALOS/PALSAR Images with TCPInSAR: A Case Study of Oso, USA[J]. Remote Sensing, 2015, 7(1): 72-88.

[64] Bardi F, Raspini F, Frodella W, et al. Monitoring the rapid-moving reactivation of earth flows by means of GB-InSAR: The April 2013 Capriglio Landslide (Northern Appennines, Italy)[J]. Remote Sensing, 2017, 9(2): 165.

[65] Del Soldato M, Solari L, Poggi F, et al. Landslide-induced damage probability estimation coupling InSAR and field survey data by fragility curves[J]. Remote Sensing, 2019, 11(12): 1486.

[66] Ao M, Zhang L, Dong Y, et al. Characterizing the evolution life cycle of the Sunkoshi landslide in Nepal with multi-source SAR data[J]. Scientific reports, 2020, 10(1): 1-12.

[67] 谭衢霖，杨松林，魏庆朝．青藏线多年冻土区路基形变星载 SAR 差分干涉测量应用探讨[J]．铁道勘察，2007(5)：13-17.

[68] 邓辉，黄润秋．InSAR 技术在地形测量和地质灾害研究中的应用[J]．山地学报，2003(3)：373-377.

[69] 范青松，汤翠莲，陈于，等．GPS 与 InSAR 技术在滑坡监测中的应用研究[J]．测绘科学，2006，31(5)：60-62.

[70] 刘国祥，陈强，丁晓利．基于雷达干涉永久散射体网络探测地表形变的算法与实验结果[J]．测绘学报，2007(1)：13-18.

[71] 程滔．CR、PS 干涉形变测量联合解算算法研究与应用[D]．北京：中国地震局地质研究所，2007.

[72] 黄其欢，何秀凤．附加约束条件短基线 DInSAR 法及其应用[J]．中国矿业大学学报，2009，38(3)：450-454.

[73] 程滔，单新建，董文彤，等．利用 InSAR 技术研究黄土地区滑坡分布[J]．水文地质工程地质，2008(1)：98-101.

[74] 王腾．时间序列 InSAR 数据分析技术及其在三峡地区的应用[D]．武汉：武汉大

学，2010.

[75]白永健，郑万模，邓国仕，等．四川丹巴甲居滑坡动态变形过程三维系统监测及数值模拟分析[J]．岩石力学与工程学报，2011，30(5)：974-981.

[76]李曼，夏耶，葛大庆，等．基于精细 DEM 的 InSAR 大气相位改正试验研究[J]．国土资源遥感，2013，25(2)：101-106.

[77]徐小波，屈春燕，单新建，等．CR-InSAR 与 PS-InSAR 联合解算方法及在西秦岭断裂中段缓慢变形研究中的应用[J]．地球物理学报，2016，59(8)：2796-2805.

[78]李凌婧，姚鑫，张永双，等．基于 PS-InSAR 技术的断裂带近场变形特征提取[J]．地质通报，2015，34(1)：217-228.

[79]范景辉，邱阔天，夏耶，等．三峡库区范家坪滑坡地表形变 InSAR 监测与综合分析[J]．地质通报，2017，36(9)：1665-1673.

[80]Zhao F，Meng X，Zhang Y，et al. Landslide Susceptibility Mapping of Karakorum Highway Combined with the Application of SBAS-InSAR Technology [J]. Sensors，2019，19(12)：2685.

[81]吕加颖，李向新，孙路遥．一种优化干涉对选取的 SBAS-InSAR 库区滑坡监测方法[J]．中国水运(下半月)，2020，20(12)：129-131.

[82]李振叶，陈星．Insar 数据处理中相位解缠算法综述[J]．矿山测量，2014(3)：78-80.

[83]刘国祥．InSAR 基本原理[J]．四川测绘，2004(4)：187-190.

[84]康亚．InSAR 技术在西南山区滑坡探测与监测的应用[D]．西安：长安大学，2016.

[85]薛继群．合成孔径雷达干涉测量技术在地基形变监测中的应用[J]．城市建筑，2020，17(14)：110-111.

[86]Goldstein R M，Zebker H A，Werner C L. Satellite radar interferometry：Two-dimensional phase unwrapping[J]. Radio science，1988，23(4)：713-720.

[87]赵文胜，蒋弥，何秀凤．干涉图像第二类统计 Goldstein 自适应滤波方法[J]．测绘学报，2016，45(10)：1200-1209.

[88]黄艳，楼良盛，钱方明．InSAR 干涉相位滤波方法研究[J]．测绘科学与工程，2011，31(4)：4.

[89]马德英．短时空基线 PS-DInSAR 理论及其算法研究[D]．成都：西南交通大学，2008.

[90]Ferretti A，Prati C，Rocca F. Permanent scatterers in SAR interferometry [J]. IEEE Transactionson geoscience and remote sensing，2001，39(1)：8-20.

[91]Berardino P，Fornaro G，Lanari R，et al. A new algorithm for surface deformation

monitoring based on small baseline differential SAR interferograms[J]. IEEE Transactions on geoscience and remote sensing, 2002, 40(11): 2375-2383.

[92]罗雪玮，向喜琼，吕亚东．龙里某塌陷时序 InSAR 变形监测的 PS 修正[J]. 自然资源遥感，2022，34(3)：82-87.

[93]王舜瑶，卢小平，刘晓帮，等．一种顾及永久散射体的 SBAS InSAR 时序地表沉降提取方法[J]. 测绘通报，2019(2)：58-62，70.

[94]王旭．基于优化小基线集 InSAR 的北京城区地面沉降监测研究[D]. 北京：首都师范大学，2014.

[95]Li N, Wu J. Research on Methods of High Coherent Target Extraction in Urban Area Based on Psinsar Technology[J]. ISPRS-International Archives of the Photogrammetry, Remote Sensing and Spatial Information Sciences, 2018, 42: 901-908.

[96]Ferretti A, Prati C, Rocca F. Analysis of permanent scatterers in SAR interferometry[C]. IEEE 2000 International Geoscience and Remote Sensing Symposium. Taking the Pulse of the Planet: The Role of Remote Sensing in Managing the Environment. IEEE, 2000, 2: 761-763.

[97]翟红娟，彭才喜，王孟．金沙江旭龙水电站施工期水环境影响研究[J]. 中国农村水利水电，2021(5)：188-192，199.

[98]陈宇．金沙江旭龙水电站近坝区滑坡分形特征及危险性评价[D]. 长春：吉林大学，2016.

[99]郑莲婧．金沙江旭龙水电站左岸坝肩边坡稳定分析评价[D]. 长春：吉林大学，2015.

[100]陈有东，何毅，张立峰，等．联合升降轨 Sentinel-1A 的地表形变监测技术研究[J]. 海洋测绘，2020，40(4)：59-64.

[101]Xu W, Cumming I. A region-growing algorithm for InSAR phase unwrapping[J]. IEEE transactions on geoscience and remote sensing, 1999, 37(1): 124-134.

[102]岑小林．InSAR 相位解缠算法研究[D]. 长沙：湖南大学，2008.

[103]王秀萍．InSAR 图像相位解缠的最小费用流法及其改进算法研究[J]. 测绘科学，2010，35(4)：129-131.

[104]段伟，吕孝雷．一种新的桥梁区域时序 InSAR 相位解缠方法[J]. 中国科学院大学学报，2019，36(2)：251-258.

[105]季灵运．InSAR 相位解缠算法比较与评价研究[D]. 西安：长安大学，2007.

[106]施慧宇，王延霞，杨海燕，等．相位解缠算法对比研究[J]. 黑龙江工程学院学报，2022，36(1)：9-13.

[107]刘志敏，张景发，罗毅，等．InSAR相位解缠算法的实验对比研究[J]．遥感信息，2012(2)：71-76.

[108]Zhang B, Li J, Ren H. Using phase unwrapping methods to apply D-InSAR in mining areas [J]. Canadian Journal of Remote Sensing, 2019, 45(2): 225-233.

[109]潘建平，邓福江，徐正宣，等．基于轨道精炼控制点精选的极艰险区域时序InSAR地表形变监测[J]．中国地质灾害与防治学报，2021，32(5)：98-104.

[110]王淦．PSInSAR技术中PS目标点提取方法研究[D]．南昌：东华理工大学，2015.

[111]石固林．联合升降轨InSAR监测滑坡沿坡向形变的模型与方法[D]．西安：西南交通大学，2020.

[112]Colesanti C, Wasowski J. Investigating landslides with space-borne Synthetic Aperture Radar(SAR) interferometry[J]. Engineering Geology, 2006, 88(3).

[113]杨强．基于时序InSAR技术的皮力青河流域滑坡稳定性研究[D]．成都：成都理工大学，2019.

[114]赵富萌．中巴公路(中国段)地质灾害早期识别和滑坡稳定性评价研究[D]．兰州：兰州大学，2020.

[115]罗真富，蒲达成，谢洪斌，等．基于GIS和信息量法的泥石流流域滑坡危险性评价[J]．中国安全科学学报，2011，21(11)：144-150.

[116]高克昌，崔鹏，赵纯勇，等．基于地理信息系统和信息量模型的滑坡危险性评价——以重庆万州为例[J]．岩石力学与工程学报，2006(5)：991-996.

[117]王佳佳，殷坤龙，肖莉丽．基于GIS和信息量的滑坡灾害易发性评价——以三峡库区万州区为例[J]．岩石力学与工程学报，2014，33(4)：797-808.

[118]戴悦．基于信息量模型的三峡库区滑坡区域危险性评价方法研究[D]．北京：清华大学，2013.

[119]汤国安，刘学军，闾国年．数字高程模型及地学分析的原理与方法[M]．北京：科学出版社，2005.

[120]王娜云．白龙江中游地区滑坡易发性评价研究[D]．南京：南京师范大学，2019.